河（湖）长制系列培训教

河湖水域岸线管理保护

河海大学河长制研究与培训中心　组织编写
方国华　刘劲松　鞠茂森　袁玉　编著

中国水利水电出版社
www.waterpub.com.cn
·北京·

内 容 提 要

本书吸取了国内外河湖水域岸线管理保护的相关研究成果，分析总结了我国河湖水域岸线管理与保护的现状及存在的问题，论述相关理论基础，从河湖水域岸线法律与规划体系、河湖水域岸线管护体制机制、空间管控体系、河湖巡查与执法制度、涉水建设项目管理、河湖环境保护与水文化传播、河湖管理与保护评价等方面系统阐述河湖水域岸线管理与保护的内容，探讨河湖水域岸线管护保障措施，为河湖水域岸线管理与保护工作开展提供借鉴和参考。

本书可供各级河长、河长制相关单位、河湖管理与保护相关工作人员和研究人员学习和参考。

图书在版编目（CIP）数据

河湖水域岸线管理保护 / 方国华等编著. -- 北京 :
中国水利水电出版社, 2020.3
河（湖）长制系列培训教材
ISBN 978-7-5170-8110-4

Ⅰ. ①河… Ⅱ. ①方… Ⅲ. ①河道整治－中国－技术培训－教材 Ⅳ. ①TV882

中国版本图书馆CIP数据核字(2019)第247564号

书　　名	河（湖）长制系列培训教材 **河湖水域岸线管理保护** HE－HU SHUIYU ANXIAN GUANLI BAOHU
作　　者	河海大学河长制研究与培训中心　组织编写 方国华　刘劲松　鞠茂森　袁玉　编著
出版发行	中国水利水电出版社 （北京市海淀区玉渊潭南路1号D座　100038） 网址：www.waterpub.com.cn E－mail：sales@waterpub.com.cn 电话：（010）68367658（营销中心）
经　　售	北京科水图书销售中心（零售） 电话：（010）88383994、63202643、68545874 全国各地新华书店和相关出版物销售网点
排　　版	中国水利水电出版社微机排版中心
印　　刷	清淞永业（天津）印刷有限公司
规　　格	184mm×260mm　16开本　8.75印张　213千字
版　　次	2020年3月第1版　2020年3月第1次印刷
印　　数	0001—3000册
定　　价	**49.00**元

前言

河湖水域岸线是保障供水安全与防洪安全的重要屏障，同时对维系良好的生态环境具有重要作用。合理地规划和开发利用河湖水域岸线、加强河湖水域岸线管理与保护，对于促进经济社会发展，保障防洪、供水、水环境及水生态安全具有重要意义。2016年12月中共中央办公厅、国务院办公厅印发的《关于全面推行河长制的意见》，以及2018年1月中共中央办公厅、国务院办公厅印发的《关于在湖泊实施湖长制的指导意见》都将河湖水域岸线管理与保护作为推行河（湖）长制的重点任务之一。

全面推行河（湖）长制的主要任务是加强水资源保护，全面落实最严格水资源管理制度，严守“三条红线”；加强河湖水域岸线管理保护，严格水域、岸线等水生态空间管控，严禁侵占河道、围垦湖泊；加强水污染防治，统筹水上、岸上污染治理，排查入河湖污染源，优化入河湖排污口布局；加强水环境治理，保障饮用水水源安全，加大黑臭水体治理力度，实现河湖环境整洁优美、水清岸绿；加强水生态修复，依法划定河湖管理范围，强化山水林田湖系统治理；加强执法监管，严厉打击涉河湖违法行为。通过实行“河（湖）长制”，落实河湖水域岸线管理保护地方主体责任，建立健全部门联动综合治理长效机制，统筹推进水资源保护、水污染防治、水环境治理、水生态修复，维护岸线健康和岸线公共安全，提升河湖水域岸线综合功能，对于加强生态文明建设、实现经济社会可持续发展具有重要意义。

本书从河湖水域岸线定义、功能区与岸线边界线划分、管护目标与内容等方面探讨河湖水域岸线管理与保护的理论基础；梳理分析我国现有的河湖水域岸线法律法规体系与相关规划及其存在的不足，明确相应的完善方向；从协同管理机制、管养分离机制、责任主体考核问责机制、水域岸线工程管理机制及湖泊网格化管理机制等方面探讨提出河湖水域岸线长效管护体制机制；从岸线功能区管理、河湖水域岸线登记与水利工程的确权划界等方面分析探讨河湖水域岸线空间管控体系；从河湖巡查机制、执法机制与信息化管理等方面探讨河湖巡查管理机制；从水工程建设规划同意书制度、涉水建设项目审批与过程监管制度、占用水域补偿制度、分级管理与责任追究制度、信息化管理等方面分析探讨涉水建设项目管理；从水环境污染防治、水生态修复、水文化传播三个方面，探讨加强河湖环境保护与水文化传播体制机制的措施与途径；从管理基础保障、管理能力与水平、管理成效三方面出发，探讨河湖水域岸线管理与保护评价指标体系构建思路，提出相应的评价标准与评价方法；从组织、资金、技术、人才和社会参与等方面探讨提出河湖水域岸线管护保障措施。

本书由方国华、刘劲松、鞠茂森、袁玉共同编写。研究生张宇虹、王鸿祯等参加了部分章节初稿的编写。全书由方国华统稿。在本书编写过程中，得到了有关河长制工作部门领导和专家的大力支持与帮助。在此，向各位领导和专家表示衷心的感谢！

河湖水域岸线管理与保护涉及因素较多，内容复杂，加之时间、资料的限制，本书还存在一些不足之处，恳请广大读者批评指正！

编者

2019年4月

目录

第一章

绪　论

本章分析探讨河湖水域岸线管理与保护的研究背景及意义，从水域、岸线和水环境三方面概述国内外河湖水域岸线管理与保护研究现状，分析阐述现阶段“河（湖）长制”工作任务，并概述本书的主要内容。

第一节　研究背景及意义

河湖是地球变迁演化过程中形成的产物之一，是生态系统的重要组成部分，是全球水循环中地表径流的主要容纳器，对全球气候和环境有重要调节和改善作用，同时与人类生产生活息息相关。我国江河湖泊众多，水系发达，根据2013年国务院第一次全国水利普查数据显示，流域面积大于100km^2的河流有45203条，大于1000km^2的河流有2221条，大于10000km^2的河流有228条，大于100km^2的湖泊有129个，大于1000km^2的湖泊有10个。河湖是水资源的重要载体，具有重要的资源功能和生态功能，是生态系统和国土空间的重要组成部分；河湖提供了丰富的淡水资源，塑造了富饶的冲积平原，为生物提供栖息地，为人类的生产、生活提供诸多生态、社会、经济服务，是人类经济社会发展的重要基础性资源。因此，保护江河湖泊，事关人民群众福祉，事关中华民族长远发展。

河道（湖泊）水域岸线具有可开发利用的土地资源属性，同时具有行（蓄）洪、调节水流和维护河道（湖泊）健康的自然与生态环境功能属性，河湖水域岸线资源的保护与开发利用对经济社会可持续发展、维护生态系统良性循环以及河湖健康都具有十分重要的作用。

然而，随着我国经济社会的不断发展和城市化进程的加快，部分地区对河湖水域岸线利用的要求越来越高，沿江河（湖泊）开发活动和临水建筑物日益增多。特别是我国东部的长江中下游地区、淮河中下游地区、珠江三角洲地区和城市河段等经济发达、人口稠密、土地资源紧缺地区，对河道和湖泊水域岸线资源的利用程度较高。长期以来，河流（湖泊）岸线范围和功能界定不够明晰，管理缺少依据，岸线资源配置不够合理，部分河（湖）段岸线开发无序和过度开发严重，存在多占少用和重复建设现象。同时，河段建设项目过于集中，河道壅水相互叠加，湖泊萎缩与干涸，大面积圈圩养殖，致使水域面积锐减，对河道（湖泊）行（蓄）洪带来了不利影响，甚至严重破坏了河湖自然生态环境功能。由于河湖水域岸线法规和管理规划还不完善、体制机制尚不健全、河湖管控能力尚需加强、监测系统时空覆盖面不全、管理保障力度有待加强等问题，河湖水域岸线利用与保护方面尚缺乏技术依据，给管理保护工作带来一定的难度。

河湖水域岸线资源无序和过度地开发导致了生态环境的严重破坏，2007年，太湖蓝藻的暴发引发了严重的水污染，在此情况下，无锡率先创立了河长制，树立了“治湖先治河”的思路，随后，苏州、常州等地也迅速跟进。很快河长制在全国大部分省市和地区落地开花，如昆明是首个明确河长制法律地位的城市；浙江全面开展“五水共治”，是“最强河长”阵容的省份。在深入调研、总结地方经验的基础上，2016年12月中央制定出台了《关于全面推行河长制的意见》，决定在全国范围内推行“河长制”，这是党中央、国务院为加强河湖管理与保护作出的重大决策部署，是落实绿色发展理念、推进生态文明建设的内在要求，是解决我国复杂水问题、维护河湖健康生命的有效举措，是完善水治理体系、保障国家水安全的制度创新。“河长制”的主要任务之一就是加强河湖水域岸线管理保护，落实河湖水域岸线管理保护地方主体责任，统筹推进河湖水域岸线管理保护、水资源保护、水污染防治、水环境治理、水生态修复、加强执法监管等六大任务，维护河湖水域岸线健康生命和公共安全，提升河湖水域岸线综合功能，对于加强生态文明建设、实现经济社会可持续发展具有重要意义。

为保障河道（湖泊）行（蓄）洪安全和维护河流健康，科学合理地管理和保护水域岸线资源，十分有必要分析近年来河湖水域岸线利用现状、管理经验和存在问题，探讨建立完善河湖水域岸线法规体系及体制机制，对水域岸线空间体系进行管控，严查违法涉河活动，实现岸线资源的科学管理、合理利用和有效保护。这对促进经济社会可持续发展，保障防洪安全、供水安全、发展航运，保护水生态环境等方面都具有十分重要的作用。

第二节 国内外河湖水域岸线管理与保护研究现状

结合国内外有关河湖水域岸线管理与保护的研究现状，本节从水域管理与保护、岸线管理与保护、水环境管理与保护等角度出发，深入探讨河湖水域岸线管理与保护现状。

一、水域管理与保护研究现状

河湖水域岸线包括河湖水域和岸线。其中，河湖水域是指江河、湖泊、水库、塘坝、人工水道、溪流及其管理范围，不包括海域和在耕地上开挖的鱼塘。河湖岸线是指河流两侧、湖泊周边一定范围内水陆相交的带状区域。

（一）国外水域管理与保护研究现状

1. 水域空间的规划研究

国外将水域空间的规划作为城市景观规划的一个重要内容。和以往单一目的的水域治理不同，现代的水域空间规划则是以生态理论作为规划的指导思想，将影响水域生态的所有问题（如湖泊、湿地、堤岸、集水区、植被、水生生物等）进行综合考虑，制定综合规划，从而达到恢复水域生态稳定性的目的。2002年，美国景观师奥姆斯特德对水域空间规划在实践方面进行了研究，他以查尔斯河（Charles River）的治理为例，通过综合规划的编制和实施达到改善河流水质和控制洪水泛滥的目的。他对查尔斯河水域空间规划的思想可以归结为两点：第一是恢复河流的自然状态；第二是恢复湿地和河流滩地的蓄水功能。另外，还有部分国家从水域空间的治理、生物栖息、水域涵养等同城市公园结合起来的角度进行水域空间规划实践研究。例如，在美国，很多城市公园都考虑到了植被在减少径流、蓄积雨水、自然排水和水域净化等方面的重要性。在丹麦，公园中种植着大量的植物，降雨沿着路面上石头缝隙和植被而进入地下，这既起到自然排水的功能，同时也使土壤成为蓄水池。植被自由生长，并不需要额外的用水补给，而公园也不会为水域空间的扩大而增加负担。

2. 水域空间旅游景观的研究

在涉水旅游景观方面，发达国家早在20世纪70年代就开始重视水域环境对城市景观的作用。例如，1971年美国华盛顿市的总体方案，以国会大厦为中心，设计形成了一条通向波托马克河（Potomac River）的主线，另外在该河道林肯纪念堂附近河湾处安排了宪法公园等各种绿地，宪法公园内还开辟了一个很大的人工湖，人与自然的结合形成了市中心区独特的城市景观。波兰华沙市在城市建设中，沿维斯瓦河（The Vistula）开辟了大面积的沿岸绿化廊带，廊带中设置自行车道和滨河步行道，大规模的水域保护绿化，加上郊外的绿地和森林使华沙成为了“绿色之城”。另外，虽然各国对保持水上娱乐功能和景观河流流量所需的水面面积均有研究，但是定量计算方法研究还不够，目前并没有统一的计算方法和标准。

（二）国内水域管理与保护研究现状

河湖水域管理与保护的任务是协调流域内不同地区之间，在资源开发利用、社会经济发展、生态保护和水环境等方面的关系。主要是根据流域的自然、社会和经济、生态复合系统的特征及需要，综合运用法规、政策、技术、公众参与等多种手段，研究与调控流域范围内的水质和水量，以实现流域整体可持续发展的往复循环。纵观国内相关研究现状，广大专家和学者分别从不同的科学角度，对水域管理与保护进行了较为深入细致的探讨和研究。

1. 从管理的方法框架和体制角度的研究

水域保护的实施需要有完善的政策、法律法规、健全的管理体制和符合当地实际情况的运行机制等作为支撑和保障。邓红兵（1998）、焦锋（2003）、彭澄瑶（2011）、黄绍洁（2018）等从流域水环境规划管理的流程入手，对流域管理的各个环节和相应方法进行了研究，并对整体方法框架中各个环节的方法选择及其实际应用进行了分析和探讨。曾维华（2002）、梅立永（2007）、王树义（2013）、杨志云（2018）等从水域环境管理的体制和运行模式入手，对国内外水域环境管理模式进行对比研究，分析了我国水域环境管理体制的不足并提出了管理模式的改进目标及相应的完善措施。

2. 从水域环境管理和土地利用相结合角度的研究

流域范围内的水域环境保护管理与土地规划紧密相连，共同影响着区域社会经济的发展。马立珊（1997）、秦伯强（2003）、郭军庭（2012）、谢润婷（2017）等结合水域环境保护与土地利用规划，对小流域水环境污染的控制进行了研究，分析了面源污染对水域环境的影响以及流域范围内水域环境管理同土地利用的关系及协调问题。另外，还运用相应的马尔可夫模型和SWAT模型等数学方法对水域环境管理和土地利用规划进行预测分析，提出了促进社会经济发展的有效措施，对科学开展流域水土资源利用、生态恢复和适应性流域管理均具有重要意义。

3. 基于“3S”技术的水域环境保护监测研究

钱家忠等（2002）建立了基于“3S”技术（RS、GIS、GPS）的水域环境监测管理信息系统模式，介绍了系统软硬件组成和具有的功能。侯国祥等（2006）基于互联网地理信息系统（WebGIS）的技术特点，分析了ArcIMS的体系结构和运行机制。基于ArcIMS9平台并结合JSP、JS等技术，提出了一种新的具有多层结构的WebGIS解决方案，并结合具体实例阐述了其在水域环境管理信息系统中的实现流程。

刘银凤等（2006）以结构化系统分析作为主要技术方法，将GIS应用到流域水污染控制的决策系统当中，并采用Mapinfo、Arcview等软件，结合VisualBasic6.0语言开发流域水污染管理系统，进而实现对渭河全流域的基础地理信息、水污染信息、水质信息等的查询，并运用污染扩散模型、水质预测模型进行预测、评价，为环境管理者做出正确的决策提供了信息支持。

4. 关于河湖合理水面率的研究

在河湖合理水面率及相关领域，我国许多专家学者进行了积极的探索和研究，但主要集中在防洪排涝领域。郭元裕等（1983）应用增量动态规划法求解总体最优目标下的圩湖区最优水面率问题，采用线性规划模型研究了南方平原湖区最优水面率问题；胡尧文等（2001）针对浙江人多地少、城市开发中大量侵占河道造成河道过水能力减弱等问题，提出了在城市防洪排涝治理的同时，应维持或增加城区的水面率；詹红丽等（2003）以江西省赣东大堤封闭圩区作为研究对象，建立了封闭圩区工程和环境综合规划的数学模型，并采用逐次逼近法将非线性问题线性化，求解得出了圩区最优水面率和滞蓄水深、最优外排装机容量、内排装机容量和大堤的最优封闭率；杨凯等（2004）在研究感潮河网地区的水系结构特征及城市化响应时，提出了高度城市化地区的河网水系结构趋于简单，城市化进程表现为对水面率以及分枝比的削弱。郑雄伟等（2012）针对城镇圩区下垫面条件和排涝特点，建立费用现值最小模型并采用外罚函数法优选确定城镇圩区适宜的水面率。因此，应该将水面率控制的要求全面纳入各层次的城市发展规划之中，并在城市化过程中逐步构建体现水面率控制要求的河道长效管理机制。

二、岸线管理与保护研究现状

（一）国外岸线管理与保护研究现状

在经济发展过程中，如何有效保护和利用好岸线资源是一个十分重要的问题，经济较发达的西方国家也面临着同样的问题。为解决这一问题，美国、欧洲莱茵河沿岸各国、澳大利亚等国家较早成立了流域管理机构，且运行机制和体制相对较为完善。

在20世纪70年代初期，美国的华盛顿州启动了滨海地区管理计划，该计划在遵循《1972年滨海地区管理法案》的原则下，制定了明确的管理范围、管理目标，构建完善管理组织架构以及健全的法律法规体系，近50年来逐渐形成了科学、系统、全面且具有实践意义的滨海管理计划，取得了良好的社会、环境和经济效益。

莱茵河发源于瑞士阿尔卑斯山脉的沃德和亨特莱恩，覆盖9个国家，包括瑞士、德国、法国、卢森堡、荷兰、奥地利、意大利、列支敦士登和比利时，跨区域的特性使得它在对岸线资源开发利用管理上提出更严格的要求。莱茵河在开发利用的初期，也经历了惨痛的教训。因具有优良的通航能力，莱茵河一直以来都是国际上重要的航运河道，随着土地开发利用、水利和航运基础设施建设的推进，河水水质急剧恶化，洪水泛滥严重威胁沿岸城市。为重现莱茵河的生机，恢复莱茵河流域的生态系统，采取成立国际委员会、签署共同协议以及建立监督制度等一系列措施，使得莱茵河逐渐恢复了昔日的风采。

（二）国内岸线管理与保护研究现状

国内对岸线的管理与保护研究最早和较多的是关于港口岸线的管理与保护，主要体现在对港口岸线的开发利用与管理、生产功能和生态功能等方面，而对城区岸线，如生活区和湿地等生态生活岸线的管理保护研究较少，大多集中在河道治理、水岸景观建设、岸线开发的环境影响及评价、岸线利用现状、岸线规划利用方法、岸线开发利用效果评价、岸线利用特征和功能等方面。目前，国内对岸线管理与保护研究现状的探讨主要包括岸线规划管理、岸线保护和岸线开发利用等三方面。

1. 岸线规划管理

潘云章等（1982）强调要充分重视岸线规划，合理分配岸线资源，提出“深水深用，浅水浅用”的原则，根据各岸线使用单位的性质、功能与要求做出的岸线规划，才能保证城市总体规划布局的合理性。李钊（2001）明确了岸线规划的基本概念，对岸线利用规划方法作了理论上的阐述，并对岸线利用规划所应遵循的原则及岸线利用规划的重点、关键点进行了较为详细的解说。黄恕金（2007）从现状用地分析、用地功能布局、道路交通规划、城市景观设计、公共绿地规划、岸线规划等几个方面，阐述城市滨水地区岸线规划的构思。尚杰（2010）从“三点布局、一线展开、组团发展”以及“抓住奥运契机，促进城市发展”这两方面着手，对青岛海岸线规划利用做出整体构想。张宝强（2018）提出了闽侯县南通镇通州河河道岸线规划原则、岸线确定与布置、保障措施等，以实现河道资源的科学保护、规范管理和可持续利用，可供类似河道岸线规划参考。

2. 岸线保护

王春霞（2004）以珠江三角洲内河岸线控制利用方法为研究对象，总结分析并提出岸线控制利用的两种主要方法：控制和保护利用。张碧钦（2012）在分析了莆田南北洋河网的岸线保护现状及规划滞后等问题的基础上，阐述了河道蓝线规划等岸线保护专业规划的必要性和技术要求，对城市河道控制、保护和管理工作提出建议。

3. 岸线开发利用

王浩等（2010）针对淮河流域岸线利用存在着无序开发、管理依据不足等问题，提出实施岸线控制线和功能分区相结合的管理方式。陈海峰（2011）认为长江岸线资源利用功能区划必须坚持可持续开发作用、深水深用与浅水浅用、集约格局与纵深发展结合、上下游及左右岸利用方式相协调、开发规模和时序与城市和产业发展相适应等5条基本原则，区划过程一般包括4个步骤，即划分评价单元、评价岸线资源因素、分析岸线利用现状及需求、分析岸线利用适用性并完成功能分区。张细兵等（2018）提出了当前岸线保护与利用应遵循的原则，即保护先行、生态优先、合理布局、适度利用、节约资源、规范管理；从规划、管理、研究、治理等方面，给出了加强岸线保护与利用的对策措施。

三、水环境管理与保护研究现状

（一）国外水环境管理与保护研究现状

1. 水资源管理与保护研究

水资源管理与保护作为政府的一项重要任务，各国都极为重视。近些年，国际上在水资源管理与保护方面的工作主要包括以下几个方面：水资源综合管理方面，如流域水资源的综合管理（Integrated Management）就是寻求整体上最优流域水资源开发方案，全面保护水资源，又如美国的全国性井源保护计划（Wellhead Protection Program）等；水污染治理与恢复方面，包括水污染的风险评价和水生态环境学研究以及“水资源银行”的设立等。

在欧美等发达国家，经过了一个世纪的发展演变，流域管理理念发生了重大变化，水资源管护的政策、内容和形式也相应地发生变化。这一转变的各个阶段分别为：大规模进行水资源开发→工业污染物大量排放，水环境质量恶化→工业污染控制，水资源保护加强→水污染综合防治，水生态环境恢复→可持续性流域水资源环境生态综合管理；从水利科学的角度又可分为以下6个阶段：防洪→供水→水资源保护→景观建设→生态恢复→生态平衡。

2. 水资源系统研究

自从20世纪50年代，国外在水资源系统分析方面的研究开始迅速发展。1950年的美国总统水资源政策委员会报告是最早综述水资源保护、开发和利用问题的报告之一。国外在水资源优化分析方面的研究始于20世纪60年代的初期，科罗拉多（1960）对计划需水量估算及满足未来需水量的途径进行了研讨。随着系统分析理论和优化技术引入以及计算机技术的不断发展，水资源系统模拟和优化模型的建立、运行和求解的研究和应用工作得到了提高。例如，A. D. Fumdar等（1975）用系统分析的方法对南斯拉夫Moraua的水资源规划从管理方面进行了研究；J. W. Labdaie等（1978）提出了流域综合管理模型；美国麻省理工学院（MIT，1979）完成了阿根廷Rio Colorado流域的水资源开发规划；加拿大内陆水中心（Canada Centre of Inland Water，1982）利用线性规划网络流算法解决了渥太华（Ottawa）流域以及五大湖（Great Lakes）的水资源规划问题；D. F. Sheer（1983）利用模拟和优化相结合的技术在华盛顿建立了城市配水系统。

20世纪90年代，由于水污染和水危机的加剧，传统的以经济效益最大为水资源优化配置目标的模式已经不能满足需要，国外开始在水资源优化配置规划中重点对水资源环境效益、水质约束以及水资源可持续利用进行了研究。进入90年代后期，随着水资源研究中新技术的不断涌现和水资源质与量的统一管理理论研究的进一步深入，水质与水量统一管理方法的研究也有了较大的发展。

3. 水环境与生态方面的研究

Young 等（1972）对水域的娱乐功能进行了分析研究，并对其价值进行了评价。Paul A. Zandbergen（1998）选择不同的透水面积、水质、生物、污染负荷以及公众健康等指标，探讨城市化对河流水体的生态风险影响，认为不同的透水面积、水质、生物指标等是影响河流水体生态功能的主要因素。Wilson 等（1999）总结回顾了美国淡水生态系统服务经济价值评估的相关研究，其中大多数研究涉及河流生态系统的娱乐功能评估。Daniel Cluis（2001）等研究了水面对气候的影响，水库、湖泊及流动的河流等水域影响着周边的生态系统和气候的特征，特别是干旱地区增加水面面积能够有效地改善气候环境，为人们提供休憩和娱乐的舒适空间。Zheng Pearl（2009）提出了混合整数线性规划，通过量化对管理者和利益相关者重要的社会、生态和经济目标的影响，优化美国伊利湖流域多个水坝拆除的净效益。Seena Sahadevan（2017）研究了河岸森林的类型和发育阶段对河流生态系统功能产生的影响。

（二）国内水环境管理与保护研究现状

1. 水环境管理体制机制方面的研究

国内对于水环境管理体制机制的研究主要集中在体制研究方面，其中又以从流域层面研究水环境管理体制居多。国内不少环境学者或者行政管理人员都对水环境管理体制历史变革进行了梳理。王资峰（2010）在分析了我国流域水环境管理体制的历史变迁的基础上，得出了流域水环境管理体制变迁的动力主要有突发性流域水污染的影响、高层领导的重视与推动、地方政府间关系的变化、政府职能的转变以及社会公众的参与意识和能力的提高等五个方面；王金南（2018）从国家、流域和城市三个层面上对水污染防治管理体制进行了评估。

“多龙治水”是对我国多部门参与水环境管理的形象比喻，其背后是水环境管理体制中部门职能交叉重叠的问题。国内许多学者对此进行了研究。王资峰（2010）认为职能部门争功诿过是我国水环境管理体制的主要弊端之一，实现政府有关部门权力与责任的恰当配置是职能部门间关系改进的核心，并提出目标导向的职能部门组织变革。徐雅婕（2017）认为通过完善流域管理机构的设置、配套法律制度，明确其法律地位，加强其管理职权，达到与地方政府平等的地位才能实现流域与区域的协同治理。

协调被视为流域水环境管理的关键。郭峰（2005）认为协调管理是管理体制中的核心问题，以政府是“经济人”和政府行为具有“有限理性”为假设前提，从政府组织和利益集团的概念和性质分析了政府组织冲突的原因、协调管理对解决政府冲突的重要意义，提出了内在协调管理问题及解决途径。环境学者主要探讨流域协调机制的利弊成效，行政学者和公共管理学者则更注重从政府间关系着手分析。王金南（2017）对流域水环境管理体制模式进行了比较，总结了我国目前的流域水污染防治协调机制，并对流域水资源保护领导小组和流域水污染防治领导小组联席会议两种流域协调模式进行了比较，认为流域水污染防治领导小组联席会议比较符合中国国情，是一种运作良好的模式。

2. 水资源系统研究

国内水资源系统的研究主要集中在水资源的优化配置及水资源系统分析。相对于国际研究，我国的水资源规划管理方面的研究起步较晚。20 世纪 60 年代，我国学者开始此类方向的研究，但研究较注重水资源的合理分配方面。20 世纪 70 年代后，一部分学者致力于地下水的水量分配研究，并运用数值模拟方法。已有的研究成果中，具有代表性的为 1986 年许涓铭等几位学者的研究，他们建立了水库联合调度优化模型，该模型的应用解决了一些重要的实际问题。20 世纪 80 年代初期，水资源配置研究开始发展起来，具有代表性的为以华士乾教授为首的专家课题组进行的研究，他们选择北京市的水资源为研究对象，以系统工程方法为处理手段，充分考虑了水资源量在区域上的分配水量、水资源合理利用效率和利用系数及其他社会问题。1991 年，学者们在总结了国外学者的研究理论和技术方法的基础上提出了更加完善的水资源优化配置的含义，此时，水资源优化配置正式进入人们的思想中。接下来的三年里，在联合国开发计划署的技术援助项目背景下，中国水利水电科学研究院的几位专家在国家科学委员会和水利部领导的支持下开始了华北宏观经济的水资源优化配置模型和水资源系统决策支持系统的研究，实现了各模型之间的连接与信息交换。

3. 水环境与生态方面的研究

我国在水环境管理研究方面的研究主要借鉴国外研究经验。自 1983 年起，我国颁布了一系列法律法规，内容包含对水资源、水环境质量的要求，生活饮用水的保护等。我国还研究开发了水环境监测方法，如水质量和污染源的统一监测。此外，水环境监测技术的开发，水环境标准物质、网络优化和布点技术等的研发，也较大地支持了水环境监测网络的建立与发展。

此外，国内学者对水环境、水生态问题也进行了大量研究。叶亚平等（2002）以扬州为对象，提出了水资源保护、水环境改善、水安全保障、水生态建设为主体的水生态系统建设对策。王沛芳等（2003）比较全面地提出了水安全、水环境、水景观、水文化、水经济五位一体的城市水生态系统建设模式。董增川等（2009）针对太湖流域水环境问题建立水量水质耦合模型，分析各引水工程的水质改善效果。卢俊杰（2012）从规划与设计两个角度对城市水利风景区的规划设计方法进行探讨，认为水生态环境保护与修复主要针对城市河湖水质差、水生态环境恶化等，通过构建多自然河湖、河湖岸缓冲带等，解决水生态环境保护与修复问题。彭少明等（2016）构建黄河典型河段的水量水质一体化模型，对水资源优化调配进行研究。

第三节 “河（湖）长制”的工作任务

“河（湖）长制”的实行是为加强河湖管理与保护作出的重大决策部署，是河湖管理体制的改革创新。

一、“河长制”工作任务

《关于全面推行河长制的意见》明确指出了推行河长制的主要任务包括以下六点。

1. 加强水资源保护

落实最严格水资源管理制度，严守水资源开发利用控制、用水效率控制、水功能区限制纳污三条红线，强化地方各级政府责任，严格考核评估和监督。实行水资源消耗总量和强度双控行动，防止不合理新增取水，切实做到以水定需、量水而行、因水制宜。坚持节水优先，全面提高用水效率，水资源短缺地区、生态脆弱地区要严格限制发展高耗水项目，加快实施农业、工业和城乡节水技术改造，坚决遏制用水浪费。严格水功能区管理监督，根据水功能区划确定的河流水域纳污容量和限制排污总量，落实污染物达标排放要求，切实监管入河湖排污口，严格控制入河湖排污总量。

2. 加强河湖水域岸线管理保护

严格水域岸线等水生态空间管控，依法划定河湖管理范围。落实规划岸线分区管理要求，强化岸线保护和节约集约利用。严禁以各种名义侵占河道、围垦湖泊、非法采砂，对岸线乱占滥用、多占少用、占而不用等突出问题开展清理整治，恢复河湖水域岸线生态功能。

3. 加强水污染防治

落实《水污染防治行动计划》，明确河湖水污染防治目标和任务，统筹水上、岸上污染治理，完善入河湖排污管控机制和考核体系。排查入河湖污染源，加强综合防治，严格治理工矿企业污染、城镇生活污染、畜禽养殖污染、水产养殖污染、农业面源污染、船舶港口污染，改善水环境质量。优化入河湖排污口布局，实施入河湖排污口整治。

4. 加强水环境治理

强化水环境质量目标管理，按照水功能区确定各类水体的水质保护目标。切实保障饮用水水源安全，开展饮用水水源规范化建设，依法清理饮用水水源保护区内违法建筑和排污口。加强河湖水环境综合整治，推进水环境治理网格化和信息化建设，建立健全水环境风险评估排查、预警预报与响应机制。结合城市总体规划，因地制宜建设亲水生态岸线，加大黑臭水体治理力度，实现河湖环境整洁优美、水清岸绿。以生活污水处理、生活垃圾处理为重点，综合整治农村水环境，推进美丽乡村建设。

5. 加强水生态修复

推进河湖生态修复和保护，禁止侵占自然河湖、湿地等水源涵养空间。在规划的基础上稳步实施退田还湖还湿、退渔还湖，恢复河湖水系的自然连通，加强水生生物资源养护，提高水生生物多样性。开展河湖健康评估。强化山水林田湖系统治理，加大江河源头区、水源涵养区、生态敏感区保护力度，对三江源区、南水北调水源区等重要生态保护区实行更严格的保护。积极推进建立生态保护补偿机制，加强水土流失预防监督和综合整治，建设生态清洁型小流域，维护河湖生态环境。

6. 加强执法监管

建立健全法规制度，加大河湖管理保护监管力度，建立健全部门联合执法机制，完善行政执法与刑事司法衔接机制。建立河湖日常监管巡查制度，实行河湖动态监管。落实河湖管理保护执法监管责任主体、人员、设备和经费。严厉打击涉河湖违法行为，坚决清理整治非法排污、设障、捕捞、养殖、采砂、采矿、围垦、侵占水域岸线等活动。

这六大任务都是针对当前群众反映比较强烈、直接威胁生态安全的突出问题提出的，需要各地区、各部门结合本地实际，并重点从以下三点加以落实，让人民群众不断感受到河湖生态环境的改善。

1. 确定河湖分级名录

各地要在水利普查基础上，进一步摸清辖区内河流湖泊现状，对河湖健康状况做出准确评估。要根据河湖自然属性、跨行政区域情况，以及对经济社会发展、生态环境影响的重要性等，抓紧提出需要由省级负责同志担任河长的主要河湖名录，督促指导各市县尽快提出需由市、县、乡级领导分级担任河长的河湖名录。大江大河流经各省、自治区、直辖市的河段，也要分级分段设立河长。

2. 注重加强分类指导

各地河湖水情不同，发展水平不一，河湖保护面临的突出问题也不尽相同，必须坚持问题导向，因地制宜，因河施策，着力解决河湖管理保护的难点、热点和重点问题。对生态良好的河湖，要突出预防和保护措施，特别要加大江河源头区、水源涵养区、生态敏感区和饮用水水源地的保护力度；对水污染严重、水生态恶化的河湖，要强化水功能区管理，加强水污染治理、节水减排、生态保护与修复等。对城市河湖，要处理好开发利用与生态保护的关系，划定河湖管理保护范围，加大黑臭水体治理力度，着力维护城市水系完整性和生态良好；对农村河湖，要加强清淤疏浚、环境整治和水系连通，狠抓生活污水和生活垃圾处理，保护和恢复河湖的生态功能。

3. 着力强化统筹协调

河湖管理保护工作要与流域规划相协调，强化规划约束，既要一段一长、分段负责，又要树立全局观念，统筹上下游、左右岸、干支流，系统推进河湖保护和水生态环境整体改善，保障河湖功能永续利用，维护河湖健康生命。对跨行政区域的河湖要明晰管理责任，加强系统治理，实行联防联控。流域管理机构要充分发挥协调、指导、监督、监测等重要作用。

“河长制”的推行明确了地方主体责任和河湖管理保护各项任务，把党委政府的主体责任落到了实处，把党委政府领导成员的责任也落到了实处。通过实行“河长制”，落实河湖水域岸线管理保护地方主体责任，建立健全部门联动综合治理长效机制，统筹推进水资源保护、水污染防治、水环境治理、水生态修复，维护岸线健康生命和岸线公共安全，提升河湖水域岸线综合功能，这对于加强生态文明建设、实现经济社会可持续发展具有重要意义。

二、“湖长制”工作任务

2018年1月，中共中央办公厅、国务院办公厅为全面落实《关于全面推行河长制的意见》要求，进一步加强湖泊保护工作，出台了《关于在湖泊实施湖长制的指导意见》。湖长制是河长制的深化，其工作内容与河长制大致相仿，但要求湖长要统筹协调湖泊与入湖河流的管理保护工作。

相对于河道，湖泊具有自身的特殊性，《关于在湖泊实施湖长制的指导意见》中提出了湖泊5个方面的特点，包括湖泊涉及多河湖汇入、边界监测断面不易确定、无序开发现象普遍、水体交换周期长、对生态环境影响较大等内容。推进湖长制是在全面推行河长制的基础上，针对湖泊的特点和问题开展的一项补充和优化，是对河长制的一种深化和具体化，是专门为湖泊量身定制的。

在具体设置湖长时，总体不改变原有总河长、河长组织体系，以及河（湖）长制办公室等构架，但需对湖泊及入湖河道河（湖）长制组织体系适当进行优化完善。跨省的湖泊，由省级负责同志担任湖长；跨市地的湖泊，原则上由省级负责同志担任湖长；跨县的湖泊，原则上由市地级负责同志担任湖长。同时，湖泊所在市、县、乡分级设立湖长，实行网格化管理。

《关于在湖泊实施湖长制的指导意见》明确指出湖长制的主要任务如下。

1. *严格湖泊水域空间管控*

各地区各有关部门要依法划定湖泊管理范围，严格控制开发利用行为，将湖泊及其生态缓冲带划为优先保护区，依法落实相关管控措施。严禁以任何形式围垦湖泊、违法占用湖泊水域。严格控制跨湖、穿湖、临湖建筑物和设施建设，确需建设的重大项目和民生工程，要优化工程建设方案，采取科学合理的恢复和补救措施，最大限度减少对湖泊的不利影响。严格管控湖区围网养殖、采砂等活动。流域、区域涉及湖泊开发利用的相关规划应依法开展规划环评，湖泊管理范围内的建设项目和活动，必须符合相关规划并科学论证，严格执行工程建设方案审查、环境影响评价等制度。

2. *强化湖泊岸线管理保护*

实行湖泊岸线分区管理，依据土地利用总体规划等，合理划分保护区、保留区、控制利用区、可开发利用区，明确分区管理保护要求，强化岸线用途管制和节约集约利用，严格控制开发利用强度，最大程度保持湖泊岸线自然形态。沿湖土地开发利用和产业布局，应与岸线分区要求相衔接，并为经济社会可持续发展预留空间。

3. *加强湖泊水资源保护和水污染防治*

落实最严格水资源管理制度，强化湖泊水资源保护。坚持节水优先，建立健全节约集约用水机制。严格湖泊取水、用水和排水全过程管理，控制取水总量，维持湖泊生态用水和合理水位。落实污染物达标排放要求，严格按照限制排污总量控制入湖污染物总量、设置并监管入湖排污口。入湖污染物总量超过水功能区限制排污总量的湖泊，应排查入湖污染源，制定实施限期整治方案，明确年度入湖污染物削减量，逐步改善湖泊水质；水质达标的湖泊，应采取措施确保水质不退化。严格落实排污许可制度，将治理任务落实到湖泊汇水范围内各排污单位，加强对湖区周边及入湖河流工矿企业污染、城镇生活污染、畜禽养殖污染、农业面源污染、内源污染等综合防治。加大湖泊汇水范围内城市管网建设和初期雨水收集处理设施建设，提高污水收集处理能力。依法取缔非法设置的入湖排污口，严厉打击废污水直接入湖和垃圾倾倒等违法行为。

4. *加大湖泊水环境综合整治力度*

按照水功能区区划确定各类水体水质保护目标，强化湖泊水环境整治，限期完成存在黑臭水体的湖泊和入湖河流整治。在作为饮用水水源地的湖泊，开展饮用水水源地安全保障达标和规范化建设，确保饮用水安全。加强湖区周边污染治理，开展清洁小流域建设。加大湖区综合整治力度，有条件的地区，在采取生物净化、生态清淤等措施的同时，可结合防洪、供用水保障等需要，因地制宜加大湖泊引水排水能力，增强湖泊水体的流动性，改善湖泊水环境。

5. 开展湖泊生态治理与修复

实施湖泊健康评估。加大对生态环境良好湖泊的严格保护，加强湖泊水资源调控，进一步提升湖泊生态功能和健康水平。积极有序推进生态恶化湖泊的治理与修复，加快实施退田还湖还湿、退渔还湖，逐步恢复河湖水系的自然连通。加强湖泊水生生物保护，科学开展增殖放流，提高水生生物多样性。因地制宜推进湖泊生态岸线建设、滨湖绿化带建设、沿湖湿地公园和水生生物保护区建设。

6. 健全湖泊执法监管机制

建立健全湖泊、入湖河流所在行政区域的多部门联合执法机制，完善行政执法与刑事司法衔接机制，严厉打击涉湖违法违规行为。坚决清理整治围垦湖泊、侵占水域以及非法排污、养殖、采砂、设障、捕捞、取用水等活动。集中整治湖泊岸线乱占滥用、多占少用、占而不用等突出问题。建立日常监管巡查制度，实行湖泊动态监管。

由此可以看出，湖长制任务更有针对性，主要体现在如下6个方面：

(1) 相对于河流水域空间管理，湖泊水域空间管控更加严格。以问题为导向，针对湖泊存在的非法圈圩围垦，非法占用湖泊水域情况，提出“严禁以任何形式围垦湖泊、违法占用湖泊水域”的控制机制；要求严格控制涉湖建设项目，最大限度减少对湖泊的不利影响；明确严格管控湖区围网养殖、采砂等活动。

(2) 湖泊岸线管理保护相对于河流更加细化。要求推动河湖岸线功能区划分，强化岸线用途管制和节约集约利用，最大限度保持湖泊岸线自然形态，沿湖土地开发利用和产业布局，应与岸线分区要求相衔接，并为经济社会可持续发展预留空间。

(3) 湖泊水污染防治要求更加重视。要求明确年度入湖污染物削减量，逐步改善水质；将治理任务落实到湖泊汇水范围内各排污单位。

(4) 湖泊水环境综合整治力度更大。要求作为饮用水水源地的湖泊，开展饮用水水源地安全保障达标和规范化建设，确保饮用水安全；加大湖泊引水排水能力，增强湖泊水体的流动性。

(5) 湖泊水生态治理与修复更加明确。要求积极有序推进生态恶化湖泊的治理与修复，因地制宜进行湖泊生态岸线建设、滨湖绿化带建设、沿湖湿地公园和水生生物保护区建设。加强入湖河流以及湖泊水质、水量、水生态动态监测。

(6) 湖泊执法监管机制更加突出。要求集中整治湖泊岸线乱占滥用、多占少用、占而不用等突出问题，加强湖泊动态监管。

第四节 本书的主要内容

随着我国经济社会的快速发展，不少地区对河湖水域岸线利用的要求越来越高，然而长期以来对河湖水域岸线资源的无序利用和过度开发导致生态环境的严重破坏。为此，必须采取一系列措施对河湖水域岸线进行管理与保护。本书的主要内容包括以下10个方面：

(1) 探讨河湖水域岸线管理保护现状及存在问题。总结我国河湖管理的发展历程，论述我国河湖水域岸线管理与保护的现状，重点阐述我国现阶段河湖水域岸线管理与保护存在的问题。

（2）探讨河湖水域岸线管理与保护的理论基础。分析界定河湖水域岸线定义及内涵，明确河湖水域岸线管理与保护的责任主体与范围，探讨水域的类型及边界界定；阐述岸线功能区与岸线边界线的划分原则及标准，从水域、岸线和水环境管理与保护三方面提出河湖水域岸线管理与保护的目标，明确“河长制”背景下河湖水域岸线管理与保护的要求和主要内容。

（3）梳理分析河湖水域岸线法律与规划体系。梳理现有河湖水域岸线法律法规体系，分析现有河湖水域岸线法律法规的不足，并指出相应的完善方向；明确河湖水域管理与保护规划和岸线保护利用规划的编制要求、流程及相关规划。

（4）探讨河湖水域岸线管护体制机制。探讨建立协同管理机制，明晰协同管理流程，明确管理协调的方式，以提高协同管理效率；讨论建立管养分离机制的必要性及其方式，将水域岸线的维修养护推向市场；探讨责任主体考核问责，明确考核主体及对象、考核原则、考核内容和考核问责结果；探讨建立包括组织管理、安全管理、运行管理、经济管理等内容的水域岸线管理机制；探讨建立湖泊网格化管理机制等。

（5）探讨水域岸线空间管控体系。依据《全国河道（湖泊）岸线利用管理规划技术细则》，归纳各岸线功能区的管理要求；探讨河湖水域岸线登记工作要点与登记办法；分析河湖管理范围及管理界线的划分方法与注意事项；探讨水利工程确权工作的具体步骤。

（6）探讨落实河湖日常巡查与执法制度。加强巡查监控，落实河湖巡查责任制；健全法院、公安、水利、农林、城管等部门联合执法机制，发挥河湖监测预警作用；运用先进技术强化河湖监控，加强河湖信息化管理。

（7）探讨涉水建设项目管理工作。探讨水工程建设规划同意书制度；明确涉水建设项目审批制度，包括涉水建设项目审查、洪水影响评价、入河湖排污口审批等；归纳涉水建设项目全过程监管的要点与主要内容；介绍水域占用补偿制度、分级管理制度和责任追究制度，探讨非法涉水活动的整治措施。

（8）探讨河湖环境保护与水文化传播。从水环境污染防治工作的体制机制与防治措施对水环境污染防治进行阐述；从水源涵养、河岸带及湖滨带生态保护与修复、湿地生态保护与修复、河湖水系连通、重要生境保护与修复、水生态综合治理等方面探讨水生态修复的措施；分析水文化传播存在的问题，从体系、内容、制度与载体等方面总结水文化传播的途径及方式。

（9）探讨河湖管理与保护评价。从“管理基础保障”“管理能力与水平”“管理成效”三方面出发，阐述构建河道管理评价指标体系的思路，在此基础上提出河道、湖泊管理指标体系构建思路；探讨河湖管理评价标准和指标体系权重确定方法，阐述河湖管理评价方法的步骤。

（10）探讨建立河湖水域岸线管护体系保障措施。主要包括组织保障、资金保障、技术保障、人才培养及社会参与五方面的保障措施。

本书的内容框架见图 1-1。

研究背景及意义
国内外研究动态
河湖水域岸线管护现状与存在问题
河湖水域岸线管护理论基础
定义及其管护范围
水域分类及边界界定
岸线功能区及控制线划分
管护的责任主体
管护目标、要求及内容
河湖水域岸线法律与规划体系
水域管理与保护规划
岸线保护利用规划
河湖水域岸线管护体制机制
协同管理机制
管养分离机制
责任主体考核问责机制
水域岸线工程管理机制
湖泊网格化管理机制
水域岸线空间管控体系
功能区划定
水域岸线登记
确权划界
河湖日常巡查与执法制度
河湖巡查机制
河湖执法机制
河湖巡查信息化管理
涉水建设项目管理
水工程建设规划同意书制度
涉水建设项目审批制度及过程管理
占用水域补偿制度
分级管理与责任追究制度
涉水建设项目信息化管理
河湖环境保护与水文化传播
水环境污染防治
水生态修复
水文化传播
河湖管理与保护评价
管理评价指标体系
河道
湖泊
河湖管理评价标准
河湖管理评价方法
河湖水域岸线管护体系保障措施
组织保障
资金保障
技术保障
人才培养
社会参与

图 1－1　本书的内容框架

第二章

河湖水域岸线管理保护现状与存在问题

本章总结我国河湖管理的发展历程，论述我国河湖水域岸线管理与保护的现状，重点阐述我国现阶段河湖水域岸线管理与保护存在的问题。

第一节　我国河湖水域岸线管理与保护现状

一、我国河湖管理的发展历程

我国河流管理从2000多年前的春秋战国时期出现堤防时算起，主要经历了三个发展阶段。第一阶段为利用河流并抗御河流的阶段，人类为了灌溉、航运、防御洪灾的目的在河流沿岸修建堤防工程，但严重的旱灾、水灾仍有巨大威胁；第二阶段为改造河流为人类服务的阶段，人类为了灌溉、航运、防洪、发电、供水等目的，通过大力修堤筑坝、修渠道、开运河、建电厂等，对河流进行掠夺性开发，引发了河道萎缩、水质污染、河流生态退化等一系列问题；第三阶段为人与河流和谐相处的阶段，人类开始重视河流的生态环境效应，有限利用、适当改造、保持河流永续性的观念成为新阶段河流管理的重点。

中华人民共和国成立以来，我国高度重视河流的治理工作，相继开展了对淮河、海河、黄河、长江等大江大河大湖的治理。在"蓄泄兼筹""统筹兼顾""除害与兴利相结合""治标与治本相结合"的治水方略指引下，治淮工程、长江荆江分洪工程、官厅水库、三门峡水利枢纽等一批重要水利设施相继兴建，掀开了新中国水利建设事业的新篇章。

1998年大水之后，国家加大水利投人，长江、黄河、淮河等大江大河干流及其主要支流堤防建设明显加快，三峡工程等一批流域控制性工程相继建成并投入使用。同时，大规模的水库除险加固工程已分批实施，我国主要江河的防洪能力得到显著提高。除此之外，河流管理的法制建设，管理体制、机制改革创新也在同步推进，我国的河流管理工作取得了长足的进步。

近年来，我国高度重视对湖泊的保护与管理，采取了一系列有力措施，如大规模开展湖泊流域防洪治理，加强湖泊水资源保护，逐步开展水生态修复和治理，不断加强湖泊管理法治建设等，以维护湖泊的休养生息，取得了明显的成效。

党中央、国务院高度重视河湖保护问题，采取了一系列重大战略举措切实推动河湖管理工作。2010年《中共中央　国务院关于加快水利改革发展的决定》和中央水利工作会议明确提出到2020年基本建成河湖健康保障体系；党的十八大报告强调，要把生态文明建设放在突出地位，实现生态空间山清水秀；十八届三中全会提出，加快建立生态文明制度，实现河湖休养生息；2013年，习近平总书记在中共中央政治局就大力推进生态文明建设进行的第六次集体学习中指出，“在重要生态功能区、陆地和海洋生态环境敏感区、脆弱区，划定并严守生态红线”，水是生态环境主要控制性要素，水生态问题是我国最主要和最严重的生态问题，划定与水有关的生态红线，加强水生态系统的保护和修复，是维护国家水生态安全、推动生态文明建设的必然选择；中央城镇化工作会议要求，尊重自然、顺应自然，慎砍树、不填湖、少拆房，让居民望得见山、看得见水、记得住乡愁；2014 年 1 月印发的《水利部关于深化水利改革的指导意见》，将建立严格的河湖管理与保护制度作为深化水利改革的一项重要任务；2014 年 3 月，水利部印发《关于加强河湖管理工作的指导意见》（以下简称《意见》），更是对河湖管理提出了更高的要求，《意见》指出，加强河湖管理，实现河畅、水清、岸绿、景美，是建设美丽中国、建立生态文明制度的迫切需要，是推进工业化、城镇化、农业现代化和保障经济社会可持续发展的必然要求，是全面深化水利改革的重要内容；2014 年 10 月，党的十八届四中全会审议通过了《中共中央关于全面推进依法治国若干重大问题的决定》，按照全面推进依法治国的总目标，水利部深入学习十八届四中全会精神，明确提出要大力推进水利法治建设，开创依法治水管水兴水新局面；2016 年，中共中央办公厅、国务院办公厅印发了《关于全面推行河长制的意见》，在全国范围内推行“河长制”，构建责任明确、协调有序、监管严格、保护有力的河湖管理保护机制，为维护河湖健康生命、实现河湖功能永续利用提供制度保障；2017 年 10月，党的十九大明确提出了以习近平新时代中国特色社会主义思想为指导，积极践行人与自然和谐共生的理念，着力强化水生态文明建设发展；同年 11 月，考虑到湖泊管理保护的特殊性，中央部署在湖泊实行“湖长制”，《关于在湖泊实施湖长制的指导意见》于十九届中央全面深化改革领导小组第一次会议中审核通过，并于 2018 年 1 月由中共中央办公厅、国务院办公厅印发，进一步加强湖泊管理保护工作。

习近平总书记关于“节水优先、空间均衡、系统治理、两手发力”的治水思路，赋予了新时期治水新内涵、新要求、新任务，为强化水治理、保障水安全指明了方向。节水优先，是新时期治水工作必须始终遵循的根本方针，要求加快落实最严格的水资源管理制度，突出需水管理、总量控制、效率控制，大力推进节水减污型社会建设；空间均衡，是新时期治水工作必须始终坚守的重大原则，要求进一步落实河湖空间管理和功能管理制度，不断强化用水需求和用水过程治理，强化水资源环境刚性约束，促进人口、经济与资源环境的均衡协调发展；系统治理，是新时期治水工作必须始终坚持的思想方法，要求立足山水林田湖生命共同体，统筹自然生态各要素，统筹上下游、左右岸、地上和地下、城市和乡村、工程措施和非工程措施，协调解决水资源、水环境、水生态、水灾害问题，推进流域水系综合治理和管理；两手发力，是新时期治水工作必须始终把握的基本要求，强调要从水的公共产品属性出发，充分发挥政府作用和市场机制，坚持政府作用和市场机制协同发力，深化水利改革，建立健全水利科学发展的体制机制。

二、河湖水域岸线管理与保护现状分析

随着我国经济建设的快速发展和人民群众生活水平的提高，对河湖资源和河湖空间环境要求越来越高，对岸线开发利用的需求日益增长，不合理的岸线开发利用现象日益凸显，带来诸多不利影响。合理地规划和开发利用河湖水域岸线对于促进经济社会发展，保障防洪、供水、水环境及生态安全，具有重要意义。而涉水建设项目作为河湖水域岸线管

理与保护的重要组成部分，其建设对加快我国经济发展速度，改善城市水环境，提高居民生活质量具有积极意义。同时应看到，建设中可能产生的安全隐患和负面影响将对现有防洪工程体系和其他水工程管理带来消极影响，因此客观上必须加大对涉水建设项目的管理力度，加强对河湖水域岸线的管理与保护。

目前，我国河湖水域岸线管理与保护的现状可分为管理体制现状、规划现状和开发利用现状三类。

1. 管理体制现状

目前我国岸线管理尚无明确的管理部门及专门法规，呈现出水利、国土、交通、海洋、渔政等多部门综合管理的状态，如交通运输部主要按规定负责港口规划和港口岸线使用管理，国家海洋局主要负责海岸线的管理，国土资源部主要涉及滩涂的开发利用管理，环保部门主要负责在江河、湖泊、运河、渠道、水库最高水位线以下的滩地和岸坡堆放、存贮固体废弃物和其他污染物的监督管理与处罚。各部门依据各自行业法规管理岸线，但由于岸线范围界定不明确、岸线管理专门法规缺失、已有的部门法规缺乏协调、对有关法规认知理解不同、缺乏有效的经济调控手段等原因，岸线管理呈现出复杂局面，岸线管理不到位、越权审批、越权执法及部门之间矛盾纠纷日益突出。

除部门之间缺乏协调外，岸线管理还常受到行业和地方政府的行政干预。地方政府和地方业务主管部门，常从区域战略定位与经济发展的角度考虑，而忽视全流域的统筹考虑。

2. 规划现状

为适应新时期经济社会发展的要求，水利部于 2006 年 12 月启动了全国主要江河流域综合规划修编工作，将全国重点河道（湖泊）岸线利用管理规划作为流域综合规划修编工作的一个重要专题。2007 年 2 月水利部下发了《关于开展河道（湖泊）岸线利用管理规划工作的通知》，要求以流域为单位在全国范围内启动河道（湖泊）岸线管理专项规划工作。水利部水利水电规划设计总院编制完成了《全国河道（湖泊）岸线利用管理规划工作大纲》和《全国河道（湖泊）岸线利用管理规划技术细则》，组织全国各有关参编单位进行技术培训。2008 年 9 月，各流域机构先后完成了流域岸线利用管理规划的初步成果。目前，水利部已组织编制完成了《全国重点河段（湖泊）岸线利用管理规划》。

3. 开发利用现状

随着经济社会不断发展和城市化进程加快，人们对岸线开发利用的要求越来越高。特别是在经济发展水平较高、岸线资源开发利用条件较好的地区，岸线开发利用程度普遍较高，港口码头、桥梁、取排水口、房地产、临河城市景观等开发利用项目密集。如长江中下游地区、淮河中下游地区、珠江三角洲地区和城市河段区等，经济发达，人口稠密，土地资源紧缺，河道两侧和湖泊周边岸线的利用程度较高。但由于岸线开发利用尚未形成较完善的管理体系，岸线开发利用和治理保护缺乏有效的控制措施，占用河滩、随意围垦、违规建设码头港口等与水争地的现象日益增多，岸线呈现出无序开发的“公地悲剧”，削弱了岸线资源的潜在利用价值。

各地区河湖水域岸线管理与保护各有其特色及差异。江苏省按照统一管理和分级管理相结合、专业管理和群众管理相结合的原则，对河湖水域岸线进行管理与保护。

1. 水域资源管理现状

为进一步加强水域管理与保护工作，江苏省于2013年3月出台了《江苏省建设项目占用水域管理办法》(2018年5月修订)，明确了水域管理主体和责任、规范了建设项目占用水域行为、完成了全省水域面积调查、形成了以县为单位的水域基础数据库。根据《省委十二届六次全会重要改革举措实施规划（2014—2020)》和水利部部署，开展了河湖管理范围和水利工程管理与保护范围划定工作，江苏省水利厅成立了领导小组和办公室，落实了技术支撑单位，并与江苏省国土部门进行对接，完成了横山水库大坝管理范围线、库区管理范围线、生态保护带线和集水区域线“四线”划定和管理试点工作，完成了管理桩、公告牌布设工作；在大泉水库试点大坝管理范围线和库区管理范围线管理，完成大中型水库大坝管理范围线、库区管理范围线“两线”管理规划；完成了长江开发利用遥感监测和现场核查，编绘了长江开发利用现状图；开展了第二次江苏省水域面积监测，公布江苏省各地水域面积变化情况。

2. 岸线资源管理现状

江苏省岸线资源管理现状主要包括以下三方面内容：

(1) 严格行政许可，加强岸线依法管理。江苏省在坚持“公开、公平、透明”原则的基础上，规范审批程序，加强监督管理。在岸线开发项目上，坚持依法、规范、科学审批，省、市、县三级共同把关，严把工程完好关、防洪安全关，对建设项目进行技术指导与服务，从源头上确保行政审批的科学合理；坚持做好后续监管，地方各级水行政主管部门开展涉水工程施工图和一些具体方案的专项审查，参与施工放样，确认项目位置和界限，参与建设项目整体工程的竣工验收等工作，同时，强化占用单位的防汛指导、定期检查、督促，签订防汛责任状，落实防汛物资储备等，并为建设单位提供必要的防洪技术咨询，确保占用段防洪工程防汛安全。通过严格的依法行政、依法管理，维护岸线资源的健康合理开发利用，更好地服务于江苏省各地经济建设发展。

(2) 建立“蓝线”管理制度。根据河道保护规划，规范河道岸线利用行为，明确河道岸线开发利用控制条件和保护措施，建立“蓝线”管理制度。苏州、宿迁、常熟、东台市政府出台了河道蓝线管理办法；2015年上半年，南京市列入省级骨干河道名单的45条河道，总长1000多km，实现“蓝线”划定全覆盖，确定了河道的保护控制范围，规范了沿河的开发建设活动。

(3) 规范岸线开发利用管理。针对淮河、长江等重要流域，江苏省于2009年编制完成了《江苏省淮河流域河道湖泊岸线利用管理规划》《江苏省长江河道岸线利用管理规划》，2015年8月江苏省发展改革委员会和江苏省水利厅联合审查通过了《江苏省长江岸线开发利用和保护总体规划配合工作成果》，为长江与淮河江苏省段的岸线利用管理规划工作提供了科学支撑。

第二节 我国河湖水域岸线管理与保护存在的问题

一、河湖水域岸线面临的问题

随着我国经济社会的不断发展和城市化进程的加快，部分地区对河流（湖泊）的岸线利用的程度越来越高，沿江河（湖泊）开发活动和临水建筑物日益增多，河湖岸线利用要求及程度的提高导致河湖水域岸线面临严峻的形势。

（一）岸线资源利用效率低

部分项目从各自需求出发，缺乏与国民经济发展及其他相关行业规划的协调，常以单一功能进行岸线开发利用，造成岸线资源配置不够合理，存在多占少用和重复建设现象，岸线资源总体利用效率不高，不能充分发挥岸线资源的效能，造成岸线资源的浪费。部分河段建设项目过于集中，导致河道壅水相互叠加，其累加效应已影响到防洪安全和河势稳定。岸线利用配置不合理，部分小型工程大量占用岸线资源，把深水泊位按浅水泊位利用，或中小型码头占用较长的岸线，造成岸线资源浪费。一些先期建设的码头因管理等问题无力经营形成阻水障碍；一些省际边界河道，未能处理好上下游、左右岸之间的关系，各自为政，盲目竞相开发利用，挤占河道；河道、岸线滩地多用于经济开发，较少考虑水景观、水生态、水文化等公益性功能。

部分地区存在浪费深水资源建小码头的现象，部分地区不遵守港口规划，强行占用港口规划岸线去建设一些短期效益好的项目，低程度、低水平的开发利用不仅造成了资源的相对浪费，也影响了资源效益的发挥，进而影响到整个地区产业经济发展水平的提高。

（二）生态与环境保护压力大

河湖岸线资源是宝贵的，由于经济持续快速发展，一些地方在加快开发利用河湖岸线资源的同时，虽然对岸线资源的管理和保护也开展了相关工作，并取得了一定成效，但依然存在流域水土流失加剧、湖泊淤塞严重、湖泊水生态系统退化、生物多样性受损的问题，加大了湖泊生态与环境保护压力。近几十年来湖泊普遍萎缩，部分干涸，导致区域生态严重恶化；污染严重，湖泊富营养化加剧；湖泊围网养殖过度，生态系统受损。随着湖泊围网养殖泛滥，面积不断扩大，许多湖泊的围网养殖已远远超出湖泊本身所能容纳的能力，湖泊水生态系统被破坏，人工大量投放饵料又加速了湖泊的富营养化过程。

1. 水域面积大幅缩减

在经济和社会发展的进程中，许多开发性的活动都是以侵占水域为代价的，从而导致水域面积的逐步萎缩。从20世纪90年代至今，我国的工业化、城市化进程加快，一方面开发和建设需要大量的新增用地，另一方面基本农田的面积又必须保证。于是，侵占水域也成为各地增加建设用地的一个主要选择。

在工业化和城市化的进程中，向水要地、与水争地的基本做法表现为四种形式：一是填，就是在开发和建设过程中，把一些小沟小塘、废沟废塘、甚至本来完好的河流湖泊填起来，以增加建设用地；二是占，就是直接占用水域，包括占用河湖的滩地、湿地、水面等；三是缩，就是通过缩窄河道，达到扩大建设用地的目的；四是盖，就是用钢筋混凝土把水面盖起来，明沟变暗沟，明河变暗河，水面砌高楼。

2. 水质严重污染

工业化和城市化发展直接带来了废污水排放量的增加，对河湖水质造成了严重的污染。分析我国现阶段废污水排放量增加的情况，地表水污染源主要体现在三个方面：①工业污染。所谓工业化，就是工业生产发达，第二、第三产业在国民经济中的比重明显增加，同时，工业废污水的排放量也明显增加。②生活污染。在城市化的带动下，一方面城市居民的生活水平和生活质量进一步提高，另一方面又促进了大批农民进城，两方面的共同影响导致了城市生活用水量大幅度增加，生活污水排放量也随之大幅度增加。③农业面源污染。在工业化的带动下，传统农业生产方式大大改进，农业生产中化肥、农药的使用量成倍增长，给地表水造成了严重的面源污染。

（三）违章建设依然存在

一方面，历史遗留违章难以清除。20世纪90年代前建设的水工程，大多数没有确权划界，水工程管理保护范围不明确，沿河堤建房现象普遍。以南京长江堤防为例，长江堤防被民房占用情况严重，难以执法拆除；截至2012年，长江沿岸共有占用户385家，其中历史占用的86家，非法占用的207家，非法占用户数量巨大。

另一方面，招商引资等带来的新违章建设时有发生。少数地方政府为了招商引资，对侵占河湖开发建设开绿灯或持默认态度，个别地方甚至采用行政干预，要求水利部门想办法“绕红灯”。其中典型的有武汉外滩花园，而类似的尚未曝光的花园式建筑亦不难发现，只是从大江大河转移到支流和中小水库。

（四）边界河流非法采砂打击难

我国的行政区划习惯于用边界河流为界线，在许多跨省、跨市（县）的中小河流，河道采砂管理难度大，打击非法采砂组织难，效果差。比较突出的是中小河流没有协调一致的专门机构，常常是左岸打击跑右岸，上游禁采下游偷采，非法采砂屡禁不止，运动式打击仅能维持一段时间，不能从根本上消除非法采砂现象。

二、河湖水域岸线管理与保护存在的问题

长期以来，由于河湖岸线范围不明，功能界定不清，管理缺乏依据，部分河段岸线开发无序和过度开发严重，对河道（湖泊）行（蓄）洪带来不利影响，甚至严重地破坏了河流生态环境。同时，由于缺乏岸线功能区划和管理规定，在岸线利用与保护方面缺乏技术依据，给行政许可和审批带来一定的难度。目前河湖水域岸线管理与保护主要存在以下六方面的问题：

（一）管理体制不完善

由于河湖管理工作起步较晚，加之重视不够，目前河湖水资源管理体制不完善，综合管理相对薄弱，水工程的水土资源开发、利用和保护难以实施有效管理和协调，《中华人民共和国水法》（以下简称《水法》）确定的流域管理和行政区域管理相结合的管理体制还有待完善，主要表现在：河湖管理与行政区域管理之间的事权不够清晰；河湖与区域之间、区域与区域之间、部门和部门之间缺乏统一的协调平台和协调机制；水工程的水土资源保护措施难以落实；河湖管理机构缺乏有效的管理手段，依法行政的管理职责难以到位；规范河湖综合管理的法规还不健全，这种体制上的缺陷，一定程度上制约了河湖管理工作的有效开展，不利于河湖水土资源的有效保护。

研究发现，多年来形成的从无偿到低偿使用岸线的管理办法，既与保障岸线稳定所需河道整治的大量投入形成明显反差，又不利于宝贵岸线资源的节约使用和合理开发。在河道管理方面，近年来虽加强了岸线的依法管理，但执行仍不够严格和规范，已经形成的一些不合理利用状况也难以改变。目前实行的对单项工程进行防洪及河势影响分析评价难以反映密集建设项目的群体影响情况，现行个案研究和协商处理的做法也缺乏规范的管理制

度和政策。

（二）规划欠缺整体性

岸线开发利用多强调局部利益，不能统筹上下游、左右岸关系，缺乏统一规划及有效管理，主管部门各自为政，乱占滥用问题较为突出；个别项目挤占规划保留区或防洪工程用地，改变河势，影响防洪安全；一些河段取水口、排水口、港口码头犬牙交错，既相互影响，又不能发挥岸线功能，或造成岸线资源浪费；一些临水城市以经济发展为由，随意围垦河湖、占用河滩地，人水争地矛盾突出。岸线利用无功能分区，影响河湖水质，对后续项目建设产生功能性影响。

沿江各地区、各层次条块规划较多，彼此又无法或不相衔接，有的建设项目存在拆东补西的现象，如为了修建跨河建筑物，把原来临河建筑物的岸线占用；省、市各级对同一段岸线规划相冲突等，都大大削弱了岸线资源的潜在利用价值。

（三）岸线开发利用与防洪规划不协调

据统计，我国有700多座临河城市，其中70座较大城市有防洪任务，由于多年未遭遇大洪水威胁，一些城市防洪意识淡漠，河道堤防的管理范围、临水边界线、外缘边界线长期得不到划定，随意占用河道、围垦河湖的现象时有发生，个别地方切堤建房，甚至直接在河道滩地进行房地产开发，不仅影响河道行洪，自身的安全也难以保障。在河道滩地内弃置或存放固体污染物，设置多种堆场，影响河道行洪，污染河水水质。

（四）管理规定不健全

1. 主体缺位

虽然河湖管理的相关法规明确了相关部门的职责，但是具体到某一条河、某一个河段，到底该由谁负责管理，往往显得比较模糊。尤其是中小河流和农村河湖，河道管理的法规不健全、主体不明确，大多数没有专门管理机构，农村河湖基本上是由所在乡镇代为管理，在防汛抗旱紧张时期或县市组织检查时，乡镇才临时进行简单维护；没有专门资金来源，河道堤防管理责权利不明确，群众参与管理的积极性低，堤防杂草灌木较多、河道淤积现象普遍。

2. 职能缺失

当前我国河湖管理面临的问题都是经济和社会发展带来的新问题。这些问题应当如何处理、如何解决，还没有比较深入的研究，也缺乏具体明确的规定。对于各个相关的主管部门来说，似乎也没有十分明确的职能要求。如河湖管理和保护的职能应当由谁来履行，哪些是管理的内容，哪些是保护的要求，如何履行这些职能等，都还缺少具体明确的界定。

（五）资金缺口较大

河湖管理工作是一项艰巨的工作，由于重建轻管等思想的影响，目前开展这项工作所需的经费渠道还不完善，大部分资金仍然使用在水利工程建设上，水利工程管理的经费还存在一定的缺口，试图通过水管单位体制改革来加以解决，能够用于河湖管理的资金很少。虽然我国河湖管理单位定性为财政差额拨款事业单位，但由于地区财政困难，很多中小型河湖一直未纳入区财政差补范围。这不仅使工程折耗和维护管理费用没有补偿渠道和来源，职工的工资发放也难以保障。

一些开发项目布局不合理，利用项目对岸线资源条件分析论证不足，影响运行安全和效益发挥。有的项目在选址布局上，重视研究所在河段的岸线条件和近期变化，对防洪条件和河势的动态变化系统分析论证不足，使工程建设后由于河势变化，工程区域河床面临淤积或冲坍威胁，需要大量的维护工作才能保证正常运行或不得不选址重建，造成一定的经济损失。

（六）管理人员缺乏

河湖水域岸线管理机构大多数远离城市，高能人才不愿意到条件艰苦的基层，客观上造成基层管理人员文化素质相对较低。培训提升资源相对缺乏，管理运行人员在政策法规意识、科学管理意识、专业技能知识等方面更新较慢。需要省、市级水行政主管部门提供更好的培训平台，基层单位更加重视岗位培训、分级分层培训，不断完善考核激励机制，实行竞争上岗，建设一支业务过硬、爱岗敬业的职工队伍，从而，在实践中丰富河湖管理文化的内涵，弘扬河湖精神。

第三章

河湖水域岸线管护理论基础

河湖水域岸线是保障供水安全与防洪安全的重要屏障，同时对维系良好的生态环境具有重要作用，合理地规划和开发利用河湖水域岸线、加强河湖水域岸线管理与保护对于促进经济社会发展，保障防洪、供水、水环境及生态安全，具有重要意义。

本章分析界定河湖水域岸线定义及内涵，明确河湖水域岸线管理与保护的责任主体与范围，探讨水域的类型及边界界定，阐述岸线功能区与岸线边界线的划分原则及标准，从水域、岸线和水环境管理与保护三方面提出河湖水域岸线管理与保护的目标，明确“河长制”背景下河湖水域岸线管理与保护的要求和主要内容。

第一节　河湖水域岸线定义及其管护范围

传统河湖岸线的定义为陆地沿河湖的外围线，即水面与陆地接触的分界线。随着水的涨落，岸线不停变动，岸线利用反映出岸线向水域、陆域延伸一定范围的空间占用。

目前，河湖水域岸线定义为河湖水域和岸线。其中，河湖水域是指江河、湖泊、水库、塘坝、人工水道、溪流及其管理范围，不包括海域和在耕地上开挖的鱼塘。河湖岸线是指河流两侧、湖泊周边一定范围内水陆相交的带状区域。岸线边界线是指沿河流走向或湖泊沿岸周边划定的用于界定各类岸线功能区垂向带区范围的边界线，分为临水边界线和外缘边界线。

临水边界线是根据稳定河势、保障河道行洪安全和维护河流湖泊生态等基本要求，在河流沿岸临水一侧顺水流方向或湖泊（水库）沿岸周边临水一侧划定的岸线带区内边界线。

外缘边界线是根据河流湖泊岸线管理保护、维护河流功能等管控要求，在河流沿岸陆域一侧或湖泊（水库）沿岸周边陆域一侧划定的岸线带区外边界线。

岸线边界线的断面图及平面图分别见图 3-1、图 3-2。

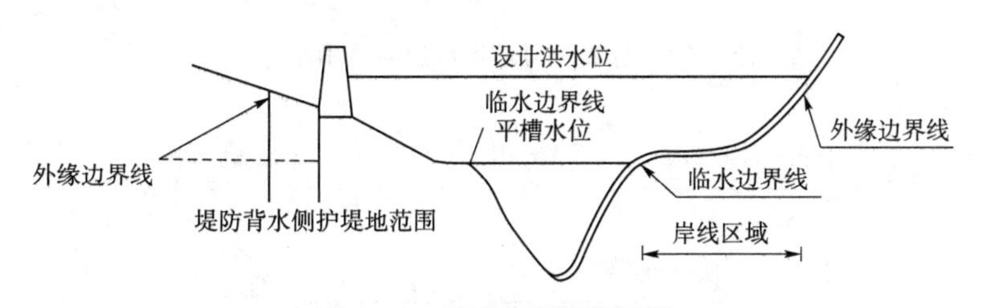

图 3-1　岸线边界线断面图

根据《中华人民共和国防洪法》（以下简称《防洪法》），有堤防的河道、湖泊，其管理范围为两岸堤防之间的水域、沙洲、滩地、行洪区和堤防及护堤地；无堤防的河道、湖

图 3-2　岸线边界线平面图

泊，其管理范围为历史最高洪水位或者设计洪水位之间的水域、沙洲、滩地和行洪区。

河湖水域管理与保护的范围为江、河、湖泊、水库、塘坝、人工水道等在设计洪水位或历史最高洪水位下的水面范围及河口湿地（不包括海域）。河湖岸线管理与保护的范围为两岸外缘边界线和临水边界线之间的区域。

河湖水域岸线管护范围与河湖管护范围基本一致，但前者更突出水域岸线的管护，因此本书主要讨论对水域、岸线及相关水利工程的管理与保护。

第二节　水域的分类及水功能区的划分

一、水域分类

水域可以划分为河道型水域、水库型水域以及山坪塘型水域等几种类型，其中，河道型水域又可分为有堤防河道水域和无堤防河道水域两类。

水域的类型不同，水域的边界界定也不同。图 3-3 为有堤防河道水域边界范围示意图，图 3-4 为山丘区无堤防河道水域边界范围示意图，图 3-5 为中小型水库水域边界范围示意图，图 3-6 为山坪塘水域边界范围示意图，中小型水库及山坪塘水域以大坝迎水面边缘线作为水域范围的边界线。

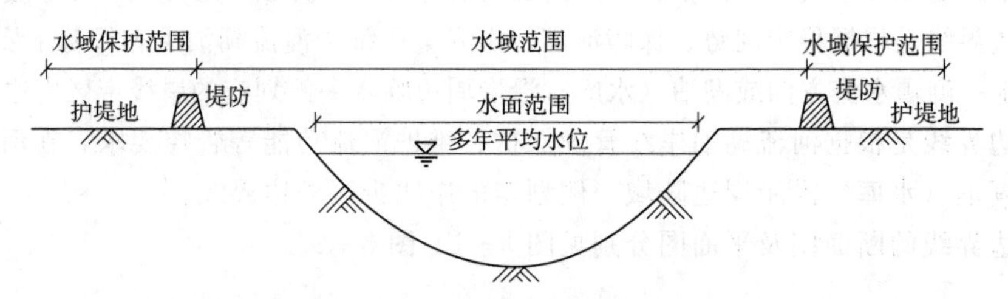

图 3-3　有堤防河道水域边界范围示意图

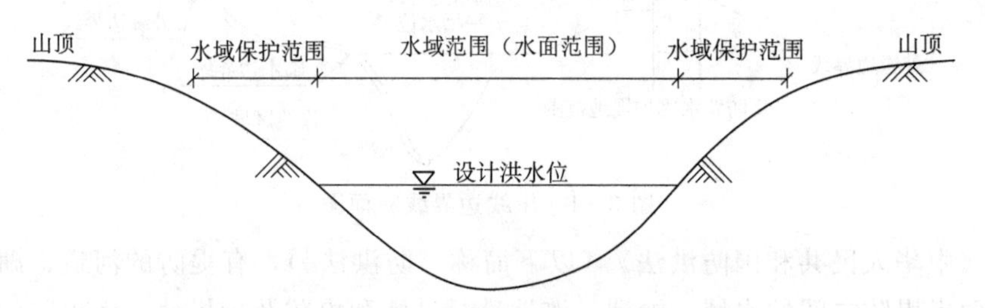

图 3-4　山丘区无堤防河道水域边界范围示意图

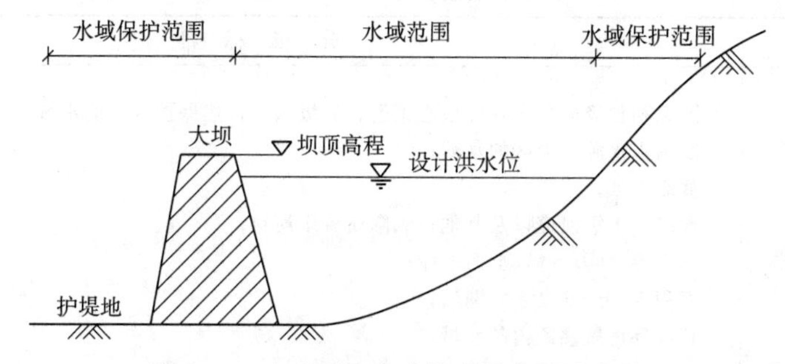

图 3-5 中小型水库水域边界范围示意图

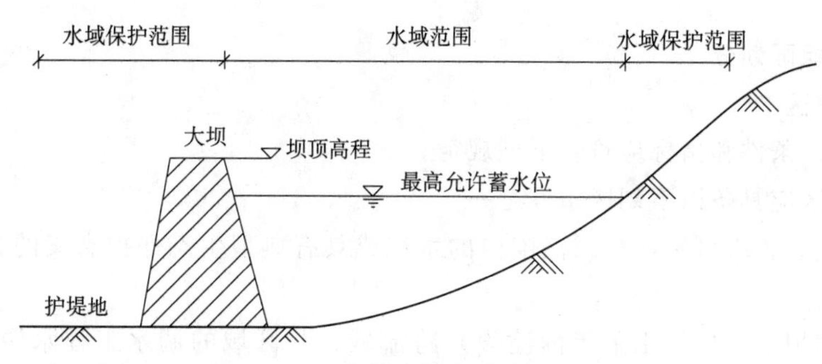

图 3-6 山坪塘水域边界范围示意图

二、水功能区分类

水功能区不同于水环境功能区，水功能区由水利部门会同环保部门划定。根据《水功能区划分标准》（GB/T 50594—2010），水功能区划分为两级。一级水功能区应包括保护区、保留区、开发利用区、缓冲区；开发利用区进一步划分的饮用水源区、工业用水区、农业用水区、渔业用水区、景观娱乐用水区、过渡区、排污控制区应为二级水功能区。水功能区分级分类系统应符合图 3-7 的规定。

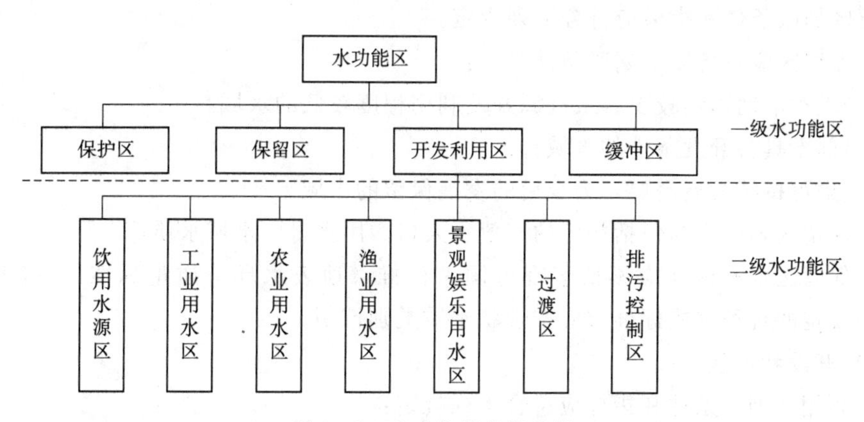

图 3-7 水功能区分级分类

各地区可以根据实际，划分符合本省情况的水域保护等级。例如，根据《浙江省水域保护办法》，浙江省将水域保护等级分为重要水域和一般水域，具体见表 3-1。

表 3-1 浙江省水域保护等级分类

保护等级	分级标准
重要水域	国家和省级风景名胜区核心景区、省级以上自然保护区内的水域； 饮用水水源保护区的水域； 蓄滞洪区； 省级、市级河道以及其他行洪除涝骨干河道； 总库容 10 万 m^3 以上的水库； 面积 50 万 m^2 以上的湖泊； 其他环境敏感区内的水域
一般水域	除重要水域以外的其他水域

三、水功能区划分

（一）保护区

保护区划区条件和指标应符合下列规定。

（1）保护区应具备以下划区条件之一：

1）国家级和省级自然保护区范围内的水域或具有典型生态保护意义的自然省境内的水域。

2）已建和拟建（规划水平年内建设）跨流域、跨区域的调水工程水源（包括线路）和国家重要水源地水域。

3）重要河流的源头段应划定范围水域以涵养和保护水源。

（2）保护区划区指标包括集水面积、水量、调水量、保护级别等。

（3）保护区水质标准应符合现行国家标准《地表水环境质量标准》（GB 3838—2002）中Ⅰ类或Ⅱ类水质标准；当由于自然、地质原因不满足Ⅰ类或Ⅱ类水质标准时，应维持现状水质。

（二）保留区

保留区划区条件和指标应符合下列规定。

（1）保留区应具备以下划区条件之一：

1）受人类活动影响较少，水资源开发利用程度较低的水域。

2）目前不具备开发条件的水域。

3）考虑可持续发展需要，为今后的发展保留的水域。

（2）保留区划区指标包括相应的产值、人口、用水量、水域水质等。

（3）保留区水质标准应不低于现行国家标准《地表水环境质量标准》（GB 3838—2002）中规定的Ⅲ类水质标准或应按现状水质类别控制。

（三）开发利用区

开发利用区划区条件和指标应符合下列规定：

（1）开发利用区划区条件应为取水口集中，取水量达到区划指标值的水域。

（2）开发利用区划区指标包括相应的产值、人口、用水量、排污量、水域水质等。

（3）开发利用区水质标准应由二级水功能区划相应的类别的水质标准确定。

（四）缓冲区

缓冲区划区条件和指标应符合下列规定。

（1）缓冲区应具备以下划区条件之一：

1）跨省（自治区、直辖市）行政区域边界的水域。

2）用水矛盾突出的地区之间的水域。

（2）缓冲区划区指标应包括省界断面水域、用水矛盾突出水域的范围、水质、水量等。

（3）缓冲区水质标准应根据实际需要执行相关水质标准或按现状水质控制。

第三节　岸线功能区分类及划分

一、岸线功能区分类

岸线功能区是根据岸线资源的自然和经济社会功能属性以及不同的要求，将岸线划分为不同类型的区段。合理划分岸线功能区是岸线利用管理规划的核心内容之一。岸线功能区界线与岸线边界线垂向或斜向相交。根据水利部《全国河道（湖泊）岸线利用管理规划技术细则》的规定，岸线功能区分为保护区、保留区、控制利用区和开发利用区四类。

（一）岸线保护区

岸线保护区指对流域防洪安全、河势稳定、水资源保护、水生态保护、珍稀濒危物种保护及独特的自然人文景观保护等至关重要而禁止开发利用的岸线区。一般情况下是国家和省级保护区（自然保护区、风景名胜区、森林公园、地质公园、自然文化遗产等）、重要水源地等所在的河段，或因岸线开发利用对防洪、河势、生态保护等方面有重要影响的岸线区应划为保护区。

（二）岸线保留区

岸线保留区指规划期内暂时不开发利用或者尚不具备开发利用条件的岸线区。对河道尚处于演变过程中，河势不稳、河槽冲淤变化明显、主流摆动频繁的河段，或有一定的生态保护或特定功能要求，如防洪保留区、水资源保护区、供水水源地的岸线等一般应划为保留区。

（三）岸线控制利用区

岸线控制利用区指因开发利用岸线资源对防洪安全、河势稳定、河流生态保护存在一定风险，或开发利用程度已较高，进一步开发利用对防洪、河势、供水和河流生态安全等造成一定影响，而需要控制其开发利用程度或开发利用方式的岸线区段。岸线控制利用区要加强对开发利用活动的指导和管理，有控制、有条件地合理适度开发。

（四）岸线开发利用区

岸线开发利用区指河势基本稳定，无特殊生态保护要求或特定功能要求，岸线开发利用活动对防洪安全、河势稳定、供水安全及河流健康影响较小的岸线区，应按保障防洪安全及河势稳定、维护河流健康和支撑经济社会发展的要求，有计划、合理地开发利用。

二、岸线功能区划分

（一）划分原则

为合理划分岸线功能区，充分利用河湖水域岸线资源，应根据以下原则进行岸线功能区的划分：

(1) 岸线功能区划分应正确处理近期与远期、开发与保护之间的关系，做到近远期结合，开发利用与保护并重，确保防洪安全和水资源、水环境及河流生态得到有效保护，促进岸线资源的可持续利用，保障沿岸地区经济社会的可持续发展。

(2) 岸线功能区划分应统筹考虑和协调处理好上下游、左右岸之间的关系及岸线的开发利用可能带来相互的影响。

(3) 岸线功能区划分应与已有的防洪分区、水功能分区、农业分区、自然生态分区等区划相协调。岸线现状开发利用的功能与相关规划不一致时，应按相关规划要求，对岸线开发利用状况提出调整意见。确需对相关规划进行调整的必须经过专门论证。

(4) 岸线功能区划分应统筹考虑城市建设与发展、航道规划与港口建设以及地区经济社会发展等方面的需求。

(5) 岸线功能区划分应本着因地制宜，实事求是的原则，充分考虑河流自然生态属性，以及河势演变、河道冲淤特性及河道岸线的稳定性，并结合行政区划分界，进行科学划分，保证岸线功能区划分的合理性。

(二) 划分标准

为规范河湖水域岸线功能区的划分，应按以下标准开展岸线功能区的划分工作：

1. 岸线保护区

原则上国家和省级人民政府批准划定的各类自然保护区的河段岸线、重要水源地河段岸线划定为岸线保护区，包括地表水功能区划中已被划为保护区的相应河段岸线；对流域或区域水资源开发利用与保护等方面，作用显著的水利枢纽工程，其大坝和回水区对应的河段岸线。

2. 岸线保留区

对于河势不稳定，或河道治理和河势控制方案尚未确定或尚未实施，或为防洪等水利建设预留较大空间的河段岸线；重要堤防一定范围需改线的区段，或重要的城市工业水源、自备水源集中区段，或为航电枢纽等重要工程建设预留用地的河段岸线；重要河口区段，其汇入后的区域防洪保安、河势稳定、水资源利用、生态环境等方面可能对本河段岸线利用有特定要求。

3. 岸线控制利用区

城市区大部分区段开发利用程度相对较高，现状岸线利用对防洪、河势控导、供水和河流生态安全等有一定影响但不严重，进一步的岸线开发利用具有一定潜力，但需要加强对岸线利用活动进行指导和管理的河段岸线；在现状和规划开发利用比较集中且对防洪以及维护河流健康没有严重影响，但又需要对开发利用的规模和类型进行一定程度控制的河段岸线；现状开发利用程度很低，岸线利用需求不明显，但进一步开发利用对防洪、供水和河流生态安全可能造成一定影响，需要控制开发利用行为的河段岸线。

4. 岸线开发利用区

城市区或城乡结合区部分河段，河势稳定或基本稳定并有特定功能要求，现状岸线利用程度较低，开发潜力较大，或现状岸线利用程度较高，但仍有一定开发潜力，需有计划、合理地建设较大数量的景观、绿地、旅游、生态等岸线开发利用项目，以适应区域经济发展、城市建设、生态环境建设等要求。经分析，对河势稳定、防洪安全、供水安全及河流健康影响方面，现状岸线利用影响较小，进一步开发利用亦无不利影响的河段岸线。

（三）划分基本要求

为更好地开展河湖水域岸线功能区的划分工作，应按以下基本要求进行：

（1）对于经济较发达地区的岸线和城市河段岸线，由于开发利用程度已较高，岸线资源已非常紧缺，因此，应充分重视河道防洪、生态环境保护、水功能区划等方面要求，避免过度开发利用。

（2）河流的城市段和中下游经济发达的地区岸线开发利用程度较高，而岸线资源紧缺，各行业对岸线利用的需求仍然十分迫切，功能区段划分宜综合考虑各方面的需求，结合规划河段开发利用与保护的具体情况，对岸线功能区段进行细划。

（3）对于岸线开发利用要求相对较低，经济发展相对落后的农村河段，或位于上游两岸人口稀少的山丘区河道，可结合实际情况适当加大单个功能区段的长度。

（4）岸线功能分区的划分应在已划分的岸线边界线的带状区域内合理进行划分。岸线功能区划定时应尽可能详细具体，以便于管理。

（四）功能区划分

根据上述河湖水域岸线功能区的划分原则、划分标准和划分要求，功能区的划分包括以下10个方面：

（1）引起深泓变迁的节点段或改变分汊河段分流态势的分汇流段等重要河势敏感区岸线应划为岸线保护区。

（2）列入各省（自治区、直辖市）集中式饮用水水源地名录的水源地，其一级保护区应划为岸线保护区，列入全国重要饮用水水源地名录的水源地应划为岸线保护区。

（3）位于国家级和省级自然保护区核心区和缓冲区、风景名胜区核心景区等生态敏感区，法律法规有明确禁止性规定的，需要实施严格保护的各类保护地的河湖岸线，应从严划分为岸线保护区。

（4）根据地方划定的生态保护红线范围，位于生态保护红线范围的河湖岸线，按红线管控要求划定为岸线保护区。

（5）位于国家级和省级自然保护区的实验区、水产种质资源保护区、国际重要湿地、国家重要湿地以及国家湿地公园、森林公园生态保育区和核心景区、地质公园地质遗迹保护区、世界自然遗产核心区和缓冲区等生态敏感区，但未纳入生态保护红线范围内的河湖岸线，应划为岸线保留区。

（6）已列入国家或省级规划，尚未实施的防洪保留区、水资源保护区、供水水源地的岸段等应划为岸线保留区。

（7）为生态建设需要预留的岸段，划为岸线保留区。

（8）重要险工险段、重要涉水工程及设施、河势变化敏感区、地质灾害易发区、水土流失严重区需控制开发利用方式的岸段，划为岸线控制利用区。

（9）位于风景名胜区的一般景区、地方重要湿地和地方一般湿地、湿地公园以及饮用水水源地二级保护区、准保护区等生态敏感区未纳入生态红线范围，但需控制开发利用方式的部分岸段，划为岸线控制利用区。

（10）河势基本稳定、岸线利用条件较好，岸线开发利用对防洪安全、河势稳定、供水安全以及生态环境影响较小的岸段，划为岸线开发利用区。

第四节 岸线边界线划分

一、岸线边界线的划定原则

根据岸线管理保护的总体目标和要求，结合各河段的河势状况、岸线自然特点、岸线资源状况，在服从防洪安全、河势稳定和维护河流健康的前提下，充分考虑水资源利用与保护的要求，按照强化管控、有效保护与合理利用相结合的原则划定岸线边界线。按照流域综合规划、防洪规划、水功能区规划及河道整治规划、航道整治规划等方面的要求，统筹协调近远期防洪工程建设、河流生态功能保护、滩地合理利用、土地利用等规划以及各部门对岸线利用的要求，按照岸线保护的要求，结合需要与可能合理划定。充分考虑河流左右岸的地形地质条件、河势演变趋势及与左右岸开发利用与治理的相互影响，以及河流两岸经济社会发展、防洪保安和生态环境保护对岸线利用与保护的要求等因素，合理划定河道左右岸的岸线边界线。城市段的岸线边界线应在保障城市防洪安全与生态环境保护的基础上，结合城市发展总体规划、岸线保护与开发利用现状、城市景观建设等因素。岸线边界线的划定应保持连续性和一致性，特别是各行政区域交界处，应按照河流特性，在综合考虑各行业要求，统筹岸线资源状况和区域经济发展对岸线的需求等综合因素的前提下，科学合理地进行划定，避免因地区间社会经济发展要求的差异，导致岸线边界线划分不合理。

二、岸线边界线的划分标准

岸线边界线的划分标准采用《河湖岸线保护与利用规划编制指南（试行）》（2019 年 3 月）中关于岸线边界线的划分标准，其中岸线边界线划分为临水边界线和外缘边界线，岸线功能区分为岸线保护区、岸线保留区、岸线控制利用区和岸线开发利用区。在此基础上，参考《浙江河湖水域岸线管理保护规划技术导则征求意见稿》（2017 年 9 月），本书将外缘边界线分为外缘管理边界线和外缘生态边界线。外缘管理边界线主要考虑与河道和水利工程的管理范围线相衔接，管理范围相对较小，以此线控制一般难以充分管控，因此增加了外缘生态边界线。岸线边界线的划分标准见表 3－2。

表 3－2　岸线边界线的划分标准

类别	划分标准
临水边界线	1. 已有明确治导线或整治方案线（一般为中水整治线）的河段，以治导线或整治方案线作为临水边界线； 2. 平原河道以造床流量或平滩流量对应的水位与陆域的交线或滩槽分界线作为临水边界线； 3. 山区性河道以防洪设计水位与陆域的交线作为临水边界线； 4. 湖泊以正常蓄水位与岸边的分界线作为临水边界线，对没有确定正常蓄水位的湖泊可采用多年平均湖水位与岸边的交界线作为临水边界线； 5. 水库库区一般以正常蓄水位与岸边的分界线或水库移民迁建线作为临水边界线； 6. 河口以防波堤或多年平均高潮位与陆域的交线作为临水边界线，需考虑海洋功能区划等的要求

续表

类别		划分标准
外缘边界线	外缘管理边界线	1. 有堤防河道：一级堤防的外缘管理边界线为堤身和背水坡脚起20～30m内的护堤地处，二、三级堤防的外缘管理边界线为堤身和背水坡脚起10～20m内的护堤地处，四、五级堤防的外缘管理边界线为堤身和背水坡脚起5～10m内的护堤地处（险工地段可以适当放宽）； 2. 无堤防河道：平原地区无堤防县级以上河道外缘管理边界线为护岸迎水侧顶部向陆域延伸不少于5m处；其中重要的行洪排涝河道，护岸迎水侧顶部向陆域延伸部分不少于7m处。平原地区无堤防乡级河道外缘管理边界线为护岸迎水侧顶部向陆域延伸部分不少于2m处。其他地区无堤防河道外缘管理边界线根据历史最高洪水位或者设计洪水位外延一定距离确定； 3. 河道型水库库区段：河道型水库库区段外缘管理边界线为校核洪水位线或者库区移民线； 4. 水闸：大型水闸左右侧边墩翼墙外各50～200m处；中型水闸左右侧边墩翼墙外各25～100m处； 5. 水电站：为电站及其配套设施建筑物周边20m内处； 6. 海塘：外缘管理边界线一至三级海塘为背水坡脚起向外延伸30m；四至五级海塘为背水坡脚起向外延伸20m；有护塘河的海塘应当将护塘河划入外缘管理边界线范围； 7. 已规划建设防洪及河势控制工程、水资源利用与保护工程、生态环境保护工程的河段，根据工程建设规划要求，在预留工程建设用地的基础上，划定外缘边界线
	外缘生态边界线	1. 岸线保护区外缘生态边界线划定，应体现“整体连续、宜宽则宽”的原则，并应与陆域生态用地相衔接； 2. 岸线保留区外缘生态边界线划定，宜考虑保护区与控制开发区的自然衔接进行划定； 3. 岸线控制利用区与开发利用区外缘生态边界线划定，宜与滨水绿化控制范围、滨水建筑控制范围等相结合进行划定； 4. 外缘生态边界线划定综合考虑河道分级（省、市、县级）和岸线功能区进行划定

第五节　河湖水域岸线管理与保护的责任主体

河湖水域岸线是保障供水安全与防洪安全的重要屏障，管护责任主体庞大，包含各方力量。同时，河湖水域岸线的管护范围较广，需要各管护责任主体结合实际贯彻落实。

县级以上地方人民政府应当加强对河湖水域岸线管护工作的领导，建立健全河湖水域岸线管护单位，将河湖水域岸线管护纳入国民经济和社会发展规划，将河湖水域岸线管护建设、维修养护、管理运行所需经费纳入年度财政预算。

县级以上地方人民政府水行政主管部门是本行政区域内河湖水域岸线的主管部门。县级以上地方人民政府其他有关部门根据各自职责做好河湖水域岸线管护的有关工作。

经省人民政府批准设立的水利工程管理机构，履行法律、法规规定和省人民政府赋予的河湖水域岸线监督管理职责。

地方各级人民政府及有关部门、新闻媒体应当加强河湖水域岸线管理和保护的宣传教育，普及岸线管理和保护的相关知识，引导公众自觉遵守河湖水域岸线管理和保护的法律法规。

任何单位和个人有权对违反河湖水域岸线管理法律法规的行为进行制止和举报。对管理和保护河湖水域岸线作出突出贡献的单位和个人，由地方各级人民政府或者水行政主管部门给予奖励。

但当前我国的实际情况是，凡受益和影响范围在一个行政区的河湖水域岸线管理保护主体和相应权责较明确，但有部分跨行政区的河湖及工程需要进一步明确和规范管理保护主体和相应权责。如跨县河道堤防，实施统一管理与分级管理相结合，并按照属地管理原则由各县分段实施具体管理，但在实际操作中仍然存在问题。所以需要建立河湖水域岸线管护长效机制，特别是政府主导，水利部门牵头、各部门参加的河湖水域岸线管护长效机制，进一步明确管护主体和相应权责。

为进一步明确和落实管护主体和相应权责，我国现全面实行“河长制”。“河长制”，即由我国各级党政主要负责人担任“河长”，负责组织领导相应河湖的管理和保护工作，是一种非常重要的决策创新和机制创新。通过全面推行“河长制”，明确地方主体责任和河湖管理保护各项任务，把党委政府的主体责任落到了实处，而且把党委政府领导成员的责任也具体地落到实处。省、设区的市、县（市、区）、乡镇（街道）四级设立总河长，河道分级分段设立河长。总河长、河长名单向社会公布。各级总河长是本行政区域内河长制的第一责任人，组织领导、协调解决河长制落实过程中的重大问题，组织督促检查、绩效考核和问责追究。各级河长负责组织相应河道的管理、保护、治理等工作，开展河道巡查，协调、督促解决河道管理保护中的问题。通过实行“河长制”，落实河湖水域岸线管理保护地方主体责任，建立健全部门联动综合治理长效机制，统筹推进水资源保护、水污染防治、水环境治理、水生态修复，维护岸线健康生命和岸线公共安全，提升河湖水域岸线综合功能，对于加强生态文明建设、实现经济社会可持续发展具有重要意义。

第六节　河湖水域岸线管理与保护的目标

河湖水域岸线资源管理与保护的总体目标是加强水域、水环境的管理与保护和促进岸线资源合理利用与有效保护。严格控制污染河湖的开发利用项目，严禁占用河道水域，改善河道水域环境，逐步恢复河道生态功能；对河湖岸线边界线以及不同岸线功能区里面的岸线开发利用项目进行控制、管理和引导，岸线开发利用项目严格遵循河湖岸线资源开发与空间利用管控原则；对已有不合理的岸线开发利用项目逐步进行调整和清退，对历史遗留问题予以妥善处理；科学规划、合理布局，规划期内岸线利用率控制在合适的目标；提出具有实效性与操作性的河湖岸线资源空间管控机制，最终加强对河湖水域岸线的管理与保护。

一、水域管理与保护目标

水域管理与保护应当按照人与自然和谐相处的治水理念和建设资源节约型、环境友好型社会的要求，紧密结合区域经济社会发展对水域的需求，针对区域水域管理与保护中存在的问题，以水域功能保护为核心、以水域数量和水质保护为手段，加强水域管理和保护，实现以水域资源可持续利用支撑和保障经济社会的可持续发展。

二、岸线管理与保护目标

岸线保护的总体目标是严格控制污染河湖的开发利用项目、严禁占用河湖水域、改善河湖水域环境，最终逐步恢复河湖生态功能。同时对已有不合理的岸线开发利用项目逐步进行调整和清退，对历史遗留的围垦区域予以妥善处理。

1. 岸线边界线管理

临水边界线是为保障河流畅通、行洪安全、稳定河势和维护河流健康生命的基本要求，对进入河道范围的岸线利用项目加以限定的边界线，因此要严格控制。除拦河闸坝以外，任何实体的阻水建筑物原则上不得逾越临水边界线，但防洪及河势控制工程、桥梁、管线和取供水工程等跨河、穿河建设项目除外。建设项目必须满足河道管理范围内建设项目审查技术要求并经有审批权限的水行政主管部门审查同意。桥梁、码头、管线等需超越临水边界线的项目，超越临水边界线的部分应采取架空、贴地或下沉等方式，尽量减小占用河道过流断面。外缘边界线是岸线资源保护和管理的外缘边界线，进入外缘边界线的建设项目均须服从岸线利用管理规划。外缘管理边界线与外缘生态边界线之间的范围，应按照所在的岸线功能区的相关要求进行管控。如岸线保护区内两条外缘线之间的范围应按照岸线保护区的相关规定管控，控制利用区内的两条外缘线之间的范围应按照控制利用区的相关规定管控。

2. 岸线功能区管理

对于岸线保护区的管理，要将保护作为管理工作的首要目标，要结合划分岸线保护区时确定的保护目标，有针对性地进行岸线功能区的管理，确保保护目标的实现。岸线保留区的管理须重视岸线开发利用条件，对现状不具备开发利用条件的，在防洪治理及河势控制等工程建成后，方可考虑开发利用，部分洲滩岸线须严格按照流域防洪规划的安排进行管理。对于岸线控制利用区的管理，特别需要强调的是控制和指导，以实现岸线的可持续开发利用。岸线开发利用区的管理，要充分考虑沿江地区经济社会发展的需要，根据地方城乡建设规划等相关规划，严格执行防洪影响评价、水资源论证和环境影响评价等相关行政审批制度，才可建设港口码头、跨穿河建筑物、取排水口等各种符合法律法规的开发利用项目。

3. 岸线利用与保护

合理配置岸线资源。统筹协调上下游、左右岸的关系，重视岸线开发利用项目的论证，合理配置岸线资源，实现有序高效利用。

保障防洪安全。清除河道岸线范围内阻水建筑物，清理阻碍行蓄洪的滩地占用，实施农村段围堤（生产堤）、套堤清退及“单退”，清除河道中阻水林地和高秆作物，拆除影响防洪安全的浮桥及废弃桥等阻水建筑物，复核河段内多个桥梁的阻水作用，对阻水严重的桥梁实施必要的改建，对盘山闸进行改扩建。

落实水资源保护。严格控制排污口水质达标排放和污染负荷总量控制，对于无法达标排放或污染负荷总量超标的排污口坚决予以清除；清退或调整水源地及取水口保护区内影响水资源保护的岸线开发利用项目。

三、水环境管理与保护目标

1. 水资源管理和水污染防治方面

控源截污是改善河湖水环境的根本。全面实施河湖流域范围内的生活垃圾分类、黑臭水体治理、畜禽养殖污染及农业面源污染治理、减少落后化工产能等专项行动，从源头上进行把控。实施水资源总量和强度双控行动，形成刚性约束和调节机制，促进经济社会发展与水资源承载能力相适应。切实加强功能区管理，对不达标功能区开展整治工作，要求不达标的功能区限期达标，并协调省财政安排专项经费。实施入河排污口专项行动。对入河排污口状况全面复核和监督性检测，建立排污口管理信息系统，制定入河排污口监测方案，加强入河排污口量质监测，同时建立排污口通报制度，违法违规行为及时通报地方政府和环保部门。

2. 水环境保护方面

有序推进水源地达标建设。开展集中式饮用水源地风险排查与达标整治，按照“一个保障、两个达标、三个没有、四个到位”的建设标准，全面开展湖泊型水源地达标建设。建立饮用水源地长效管护机制，督促各地配备专职工作人员，加强日常巡查巡视、监测与信息发布，实现跨区域联防联治。实施调水引流的精准化，做好调水系统的精准化调度，维护重点湖泊和出入湖河道的生态基流。

“一个保障”即保障水源地安全供水，正常情况下水源地安全供水，突发事件情况下保证应急供水；“两个达标”即集中式饮用水源地水质达到国家规定的水质标准，供水保证率达到97%以上；“三个没有”即水源地一级保护区范围内没有与供水设施无关的设施和活动，二级保护区范围内没有排放污染物的设施和开发活动，准保护区范围内没有对水体污染严重的建设项目、设施或开发活动；“四个到位”即水源地保护机构和人员到位，警示牌、分界牌和隔离措施到位，备用水源地和应急管理预案到位，水质在线监测和共享机制建设到位。

3. 河湖生态监测方面

积极推动退圩还湖工作以及河湖生态监测工作，为全面掌握河湖健康状况，开展河湖水生态、空间、水文、水质和富营养化监测和分析，建立一套相对完善的河湖科学监测体系，为河湖管理保护决策提供支撑。

第七节 “河长制”背景下河湖水域岸线管理与保护的要求

人类社会的发展离不开河湖资源，而河湖健康是河湖水域岸线资源可持续利用的必要条件，对河湖水域岸线进行综合管理，既要满足经济社会发展对河湖资源合理开发的需求，更要满足维护河湖健康的基本要求。经济持续增长，工业化、城镇化进程加快，对河湖岸线利用的要求越来越高。在此形势下，如无有效的控制管理措施，过度、无序开发的状况将被激化，非法侵占岸线资源将愈演愈烈，涉水建筑物阻水面积将过大过密，不仅加剧不稳定的河道演变趋势，甚至直接影响到防洪、供水、航运安全和河势稳定。因此，为应对日益增长的岸线利用需求，亟待加强岸线有效管理，规范岸线开发利用。落实习近平总书记关于保障水安全的重要讲话精神，按照中央关于加快水利改革发展的决策部署，贯彻党的十八届四中全会全面推进依法治国精神，深化党的十九大报告中提出的水利工作内涵，通过完善我国河湖水域岸线管理法规体系和管理规划体系、建立健全体制机制、加强河湖空间管控和科学监测、提高河湖管理能力等措施，切实推进河湖水域岸线管理与保护现代化，实现河畅、水清、岸绿、景美，维护河湖健康，强化岸线资源管理以支撑经济社会的可持续发展。

现阶段我国河湖水域岸线管理与保护的要求有以下8点。

1. 坚持依法管理

完善河湖水域岸线法律与法规体系，推进河湖水域岸线管护工作，强化河湖水域岸线规范管理，水利部门依法行政、依法管理，维护河湖水域岸线管理与保护正常秩序，服务我国经济社会健康发展。

2. 完善体制机制

河湖水域岸线管理涉及众多管理部门，理顺河湖管理体制机制，事权划分明确，一家主导，多家协调，精干高效，形成河湖水域岸线管理与保护的新思路，形成既全面又有针对性的河湖水域岸线的管护长效机制，改变"重建轻管"思想，适应国家管理能力现代化的要求。

3. 强化空间管控

明确岸线功能区管理要求，重视管理理念的进步，通过河湖水域岸线管理的规范化，提高河湖水域岸线管理效率、增大河湖水域岸线管理效能，做好水域岸线登记及确权划界工作。

4. 加强巡查监督

建立河湖日常巡查责任制，加强河湖日常巡查监督，强化对河湖水域岸线的监测，依法查处违法行为，健全执法机制，把河湖水域岸线管理与保护工作落到实处，确保河湖健康管理的各项措施在日常的工作中得到全面落实和有效发挥。

5. 严格项目管理

推进河湖水域岸线管护工作，严格管理涉水建设项目和活动、严厉打击违法活动。规范涉水建设项目管理，确保江河湖泊防洪安全，实施入河排污口监督管理，强化涉河建设项目过程监管工作，建立落实占用水域补偿制度，建立健全分级管理制度和责任追究制度，加强非法涉水活动整治工作，服务我国经济社会的健康发展。

6. 强化环境保护

强化水文化传播，建设生态清洁型流域，维护河湖生态环境，实现河湖环境整洁优美、水清岸绿。加快生态文明体制改革，建设美丽中国，传承水文化，创新水文化，享用水文化。

7. 构建评价体系

河湖管理与保护评价是分析河湖管理与保护措施的实施效果、督察管护主体责任落实情况的重要手段，是科学辨识河湖管理与保护存在的问题及河湖健康的基本途径，本书提出构建河道（湖泊）管理与保护评价指标体系的思路，明确指标权重的确定方法，建立一套完整的河湖管理与保护评价指标体系。

8. 落实保障措施

全面落实河湖水域岸线管护体系保障措施，全面落实中央关于水利改革发展的决策部署，推动水利重要领域和关键环节改革攻坚，加快建立有利于水利科学发展的制度体系，各主要单位、部门必须加强领导，密切合作，全社会必须共同努力，积极配合，确保工作落到实处。

第八节 河湖水域岸线管理与保护的内容

河湖水域岸线管理与保护的主要内容包括以下 8 个方面。

1. 梳理完善河湖水域岸线法律法规体系，明确河湖水域岸线规划要求

河湖管理部门在已有法律法规的指导下，应明确河流管理中各参与方的责任和权力，推进河流管理的法制化和规范化进程。因此，梳理现有河湖水域岸线法律法规体系并进一步完善其内容至关重要。同时，河湖管理部门须遵循“规划先行”的原则，从实际情况出发，积极完善河湖水域岸线规划体系，明确河湖水域管理与保护规划的编制要求和岸线保护利用规划要求，为河湖水域岸线的科学保护与管理提供参考和依据。

2. 构建河湖水域岸线管理与保护体制机制

河湖水域岸线破坏历史久、速度快，管理职能的交叉缺位，难以实现岸线资源的优化配置，难以快速推进河湖生态修复和科学管理。形成既全面又有针对性的河湖水域岸线的管护长效机制是河湖水域岸线管理与保护的重要内容，包括探讨建立协同管理机制流程与方式、建立管养分离机制的必要性及其方式、建立责任主体考核问责机制、建立水域岸线工程管理机制以及建立湖泊网格化管理机制等。

3. 强化水域岸线空间管控体系

水域岸线空间管控不规范是水域岸线不断被破坏的主要原因。为强化河湖水域岸线空间管理，推进河湖水域岸线管护工作，要根据相应法律法规及管理条例进行相关的划界、确权工作。强化水域岸线空间管控体系主要包括落实规划岸线分区管理的要求、制定河湖水域岸线登记办法、明确如何划定河湖管理范围及管理界线、明确水利工程确权划界工作的意义及工作开展的步骤。

4. 建立河湖日常巡查机制，健全部门联动执法机制

建立河湖日常巡查机制，加强河湖日常巡查监督，强化对河湖水域岸线的监测。健全部门联合执法机制，建立完善依法、科学、民主的水行政执法体系，发挥河湖监测预警作用；运用先进技术强化河湖监控，加强河湖信息化管理，切实把河湖水域岸线管理与保护工作落到实处。

5. 做好涉水建设管理及运行管理工作

河湖管理部门应根据国家及地方相关法律和规范要求，明确自身在涉河水利工程日常管理中的职责和权限，切实做好新建工程的建设管理工作。通过建设水工程规划同意书制度、规范涉水建设项目审批制度、强化涉水建设项目过程监管工作、建立落实占用水域补偿制度、建立健全分级管理制度和责任追究制度等手段，加强涉水建设项目的管理，同时，加强非法涉水活动的整治工作及涉水建设项目信息化管理。

6. 提出河湖环境保护与水文化传播的措施与途径

通过建立健全水环境污染防治工作的体制机制，落实水环境污染防治措施、水生态修复措施与水文化传播途径，以加快、加强水生态文明建设的步伐与力度。

7. 构建河湖管理保护评价指标体系

加强河湖管理与保护有助于促进我国发展战略的顺利开展和实施，河湖管理与保护评

价是分析河湖管理与保护措施的实施效果、督察管护主体责任落实情况的重要手段，是科学辨识河湖管理与保护存在的问题及河湖健康的基本途径，是推进河（湖）长制的重要任务，须加快开展河湖管理评价的相关研究工作。可从“管理基础保障”“管理能力与水平”“管理成效”三方面出发，提出构建河道（湖泊）管理评价指标体系的思路，确定指标体系权重，对河湖管理进行评价。

8. 提出河湖水域岸线管护体系保障措施

为推进河湖水域岸线管护能力建设，强化规范管理，给河湖水域岸线管护工作提供有力保障，为河湖水域岸线管护体系提出相应的保障措施，如组织保障、资金保障、技术保障、人才培养和社会参与等。

第四章

河湖水域岸线法律与规划体系

《全国河道（湖泊）岸线利用管理规划技术细则》中提出河湖水域岸线管理与保护要“坚持完善法制、强化管理”，为坚持依法管理，推进河湖水域岸线管护工作，强化河湖水域岸线规范管理，我国制定了《水法》《防洪法》《中华人民共和国河道管理条例》（以下简称《河道管理条例》）、《中华人民共和国水污染防治法》（以下简称《水污染防治法》）等法律法规。河湖水域岸线法律与规划体系为水利部门依法行政、依法管理提供了重要依据，有力地维护了河湖水域岸线管理与保护的正常秩序，服务我国经济社会的健康发展。各流域机构和地方水利部门也相应地出台了一批涉及水域岸线管理的规定、办法，用来规范河湖水域岸线的开发利用、保护与管理。各地区应因地制宜地制定相应法律与规划体系，正确把握河湖水域岸线严格保护与合理利用的关系、依法管理与科学治理的关系、河湖资源属性和经济属性的关系，推进河湖水域岸线管理与保护工作。

然而，在河湖水域岸线开发利用中常因注重局部经济利益，而忽视防洪、供水安全和生态环境功能，使得水功能交叉、工程相互干扰、水域面积衰减速度快、水环境污染严重、抢占岸线等矛盾日益突出。在日益剧增的水域岸线开发利用压力下，河湖水域岸线管理相关法律体系还不尽完善，已制定的部分法律法规规定还不够具体，配套法规和实施细则还不够完备，针对性和可操作性还有待加强。同时由于河湖水域岸线管理涉及多个部门，每个部门都依据本部门的法规开展管理，有关规定存在不协调的问题，受部门和行业利益驱使，常出现多头管理、各自为政的现象。

本章梳理现有河湖水域岸线法律法规体系，分析现有河湖水域岸线法律法规的不足，并指出相应的完善方向；明确河湖水域管理与保护规划和岸线保护利用规划的编制要求、流程及相关规划。

第一节　河湖水域岸线管理法律法规体系

一、现有河湖水域岸线法律法规体系

建立和完善河湖水域岸线法律法规体系的指导思想是以《水法》《防洪法》《河道管理条例》《水污染防治法》为龙头和指导，建立和完善相配套的国家及地方河湖水域岸线法律法规体系，使其门类齐全、结构严密、内在协调。

我国一直十分重视河湖管理立法工作，根据河道、湖泊、水库管理的不同特点和要求，有针对性地分别开展立法工作。在立法过程中，注重河湖行洪、排涝、调蓄、供水

等功能保护的同时，还应顺应经济社会发展的客观需求，强化河湖生态、景观、文化等公益功能的保护。这些法律法规的出台，为水利部门依法行政、依法管理提供了重要依据，有力地维护了河湖水域岸线管理与保护的正常秩序，服务了我国经济社会的健康发展。

（一）国家

中华人民共和国成立以来，我国河湖管理工作主要参照《水法》《防洪法》《河道管理条例》及《水土保持法》中的相关条款。我国为规范和加强河湖管理，1988—2019年制定的相应法律法规如下：

（1）《水法》（中华人民共和国主席令第61号，1988年1月21日颁发，2016年7月2日修订）。

（2）《河道管理条例》（中华人民共和国国务院令第3号，1988年6月10日颁布，2017年10月7日修订）。

（3）《中华人民共和国水土保持法》（以下简称《水土保持法》）（中华人民共和国主席令第49号，1991年6月29日颁发，2010年12月25日修订，2011年3月1日起施行）。

（4）《河道目标管理考评办法》（水利部水管〔1994〕433号，1994年9月9日发布并施行）。

（5）《防洪法》（中华人民共和国主席令第88号，1997年8月29日颁发，1998年1月1日起施行，2016年7月2日修订）。

（6）《长江河道采砂管理条例》（中华人民共和国国务院令第320号，2001年10月10日颁发，2002年1月1日起施行）。

（7）《水污染防治法》（中华人民共和国主席令第70号，2008年6月1日起颁发，2018年1月1日修订）。

（8）《水利工程管理考核办法》（水建管〔2008〕187号，2008年6月16日发布并施行）。

（9）《太湖流域管理条例》（中华人民共和国国务院令第604号，2011年9月7日颁发，2011年11月1日起施行）。

（10）《实行最严格水资源管理制度考核办法》（国办发〔2013〕2号，2013年1月2日发布并施行）。

（11）《关于加强河湖管理工作的指导意见》（水建管〔2014〕76号，2014年3月21日发布并施行）。

（二）江苏省

江苏省结合自身河湖水域岸线管理与保护的特点，自1986—2019年，制定了相关的法规条例如下，为江苏省河湖水域岸线管理与保护的法制化奠定了基础，为省内河湖水域岸线管理与保护提供了标准和依据。

（1）《江苏省水利工程管理条例》（江苏省人民代表大会常务委员会1986年9月9日通过，2018年11月23日修订）。

（2）《江苏省水资源管理条例》（江苏省人民代表大会常务委员会1993年12月29日

通过，2018 年 11 月 23 日修订）。

（3）《江苏省河道管理条例》（江苏省人民代表大会常务委员会公告第 62 号，2017 年 9 月 24 日通过，2018 年 1 月 1 日起施行）。

（4）《江苏省水库管理条例》（江苏省人民代表大会常务委员会公告第 83 号，2011 年 7 月 16 日通过，2018 年 11 月 23 日修订）。

（5）《江苏省建设项目占用水域管理办法》（江苏省人民政府令第 87 号，2012 年 1 月 4 日通过，2013 年 3 月 1 日起施行）。

（6）《江苏省长江防洪工程管理办法》（江苏省政府令第 175 号，2001 年 3 月 22 日颁发，2018 年 5 月 6 日修订）。

（7）《江苏省河道管理范围内建设项目管理规定》（苏水政〔2002〕34 号，2002 年 9 月 1 日起施行，2004 年 7 月 5 日修订）。

（8）《江苏省湖泊保护条例》（江苏省人民代表大会常务委员会公告第 82 号，2004 年 8 月 20 日通过，2018 年 11 月 23 日修订）。

（9）《江苏省湖泊保护名录》（苏政办发〔2005〕9 号，2005 年 2 月 26 日印发）。

（10）《江苏省水利工程管理考核办法》（苏水管〔2008〕112 号，2008 年 7 月 29 日发布并施行）。

（11）《关于江苏省骨干河道名录的批复》（苏政复〔2010〕27 号，2010 年 4 月 16 日通过，2019 年 2 月 12 日修订）。

（12）《江苏省农村河道管护办法》（苏政办发〔2010〕51 号，2010 年 5 月 1 日起施行，2019 年 1 月 11 日修订并印发）。

（13）《苏州市人民政府关于进一步加强湖泊管理和保护工作的意见》（苏府〔2010〕152 号，2010 年 11 月 11 日颁布）。

（14）《江苏省中小河流治理工程建设管理办法》（苏水规〔2011〕4 号，2011 年 9 月 21 日印发，2011 年 10 月 22 日起施行）。

（15）《江苏省省骨干河道管理考核办法》（苏水管〔2012〕154 号，2012 年 11 月 11 日印发）。

（16）《江苏省水利厅关于推进水生态文明建设的意见》（苏水资〔2013〕26 号，2013 年 5 月 31 日印发）。

（17）《江苏省省管湖泊管理与保护工作考核办法》（苏水管〔2013〕105 号，2013 年 11 月 28 日印发）。

（18）《江苏省生态红线区域保护监督管理考核暂行办法》（苏政办发〔2014〕23 号，2014 年 3 月 13 日印发）。

（19）《省政府关于印发江苏省生态河湖行动计划（2017—2020 年）的通知》（苏政发〔2017〕130 号，2017 年 10 月 9 日发布）。

二、现有法律法规的不足及完善方向

法律法规是规范各种管理规程、有关规划、河湖设计、行政管理的根本依据，河湖水域岸线法律法规不完善是水行政主管部门在行使行政职权和履行行政管理职责时遇到的一切矛盾的根源。

1. 现有河湖水域岸线法律法规的不足

我国目前尚无一部关于河湖水域岸线管理的专门法规。在岸线范围界定方面，目前尚无统一、明确的定义；在岸线分区管理方面，仅有《中华人民共和国港口法》对港口岸线分类作了有关规定；在岸线管理事权划分方面，目前尚无系统的岸线事权划分的法律规定，一些法规对河口、海域、航道等的事权作了相关规定；目前涉及河湖水域岸线管理的水法规主要有《水法》《防洪法》及《河道管理条例》，这些法规比较注重对防洪、排涝、灌溉供水功能的调整，相对忽视对生态、景观、文化等其他功能的调整，忽视对河道水域、岸线、砂石等资源的综合管理，面对现阶段日趋复杂的河湖水域岸线事务管理，河湖水域岸线法律法规在管理广度上覆盖面不全；与此同时，《河道管理条例》同时管理河道、湖泊、水库、蓄滞洪区，其管理要求、目标、内容不尽相同，一部法规很难涵盖，在管理对象上不够细化；现行的管理规章、办法及考核标准均以河道为管理对象，这些管理规章及办法过于笼统，且相关法规、规章中存在重复、交叉之处，可操作性不够。这些水法规的严重滞后，直接导致相应河湖水域岸线设计、管理规程及有关规划均没有考虑对河湖库生态、景观、文化功能和河湖库资源管理与保护，管理行政主体遇到问题时依据不足，各行业管理部门之间管理权责出现交叉等问题。河湖水域岸线法律法规亟待梳理、调整和完善。

2. 相应的完善方向

为调整和完善现有河湖水域岸线法律法规，推进河湖水域岸线管护工作，需及时加快制定、修订相关条例、法律法规，并出台专门的水域、岸线管护法规，明确管护主体、完善相应管护制度等，有力维护河湖水域岸线管理与保护的正常秩序，服务我国经济社会的持续发展。相应的完善方向如下：

（1）修订《河道管理条例》。建议在 2017 年 10 月修订的《河道管理条例》的基础上，结合现阶段河道岸线管理中面临的主要问题，加快《河道管理条例》修订工作，明确岸线管理主体与事权、规划管理制度、利用审批与监督管理及水域占用补偿制度等，从法规的层面上规范岸线管理。制定水域岸线开发利用管理办法，明确岸线管理范围、管理主体、功能区管理制度、规划管理制度、利用审批及监督管理制度、水域占用补偿制度等，系统规范水域岸线开发利用及保护制度。

（2）制定水域管理与保护办法。办法中应明确以下几方面内容：一是进一步明确水域及岸线管理主体和职责；二是明确水域的范围及保护范围；三是明确保护河湖水域面积和库容要求；四是明确保护水域水质的目标要求，实行水域排放的污染物总量控制制度；五是加强水域功能区的管理措施，确保各功能区水质目标的实现；六是规范水域开发利用的行为，保证水域开发利用科学、合理、可持续开展。

（3）制定岸线管理方面的地方法规。在专门的岸线管理规章尚未出台的背景下，有条件的地区可以根据 2017 年 10 月修订的《中华人民共和国河道管理条例》，出台本区域内的岸线管理方面的地方法规，规范本区域的岸线管理工作。

（4）制定具体河流的河口管理办法。有条件的流域管理机构可制定专门的河口管理办法，规范本区域的河口管理工作。如《黄河河口管理办法》《珠江河口管理办法》和《海河独流减河永定新河河口管理办法》等管理办法的颁布实施取得了良好的效果。

第二节　水域管理与保护规划

一、水域管理与保护规划的编制要求

河湖水域规划体系是法律法规体系的延续，科学的管理应从规划抓起，正确把握河湖水域严格保护与合理利用的关系、依法管理与科学治理的关系、河湖资源属性和经济属性的关系，重点推进管理与保护的专项规划，对重要河湖实行一河一湖一规划。

水域保护规划是管理性规划，它涉及的时间较长、类型较多、空间较广、专业领域也较多。因此，规划一定要建立在可持续发展的基础上，同时又要突出重点、兼顾一般，再按照分区控制、分类管理，与相关规划协调一致的总体原则，结合规划区域的实际情况，编制水域管理与保护规划具体内容。水域管理与保护规划的具体要求如下。

1. 坚持可持续利用，保障经济社会的可持续发展

在可持续发展方面，规划要根据规划水域的环境承受能力，通过维护和发挥水域的防洪、排涝、蓄水、航运、生态环境等方面的功能，注重水域资源合理保护和有序利用，突出保护。

2. 坚持分区控制、分类管理

规划要将规划区域以行政区划为主划分为若干个分区，每个分区分别核定其规划基本水面率。对重要水域在管理上实施特别保护，其他水域以分区为单元提出其水面率、水域容积率等指标。

3. 坚持突出重点、兼顾一般

在突出重点、兼顾一般方面，规划要以河网地区、城市建成区与规划区、各类开发区及其他需要特别保护区域为重点，加强这些地区的水域保护，核定其基本水面率控制数值，同时兼顾其他地区水域保护。在水域功能分析上，突出分析水域的行洪除涝和水资源利用功能，同时兼顾水域的水环境、航运和生态保护等功能。

4. 坚持相关规划协调一致

规划工作要以国民经济和社会发展规划为指导，以主体功能区规划为基础，服从江河流域规划、区域综合规划，满足已审批的防洪除涝规划、水资源综合规划、河道整治规划等规划要求，与城市总体规划、土地利用总体规划及其他行业规划相衔接。

二、水域管理与保护规划的编制流程

为维护和发挥水域在防洪、排涝、蓄水、航运、生态环境等方面的功能，县级以上人民政府水行政主管部门应当紧紧围绕构建社会主义和谐社会的目标，遵循全面、协调、可持续的科学发展观，按照人与自然和谐发展的理念，按以下步骤编制水域管理与保护规划：

（1）县级以上人民政府水行政主管部门提出编制规划前要组织前期研究，按规定提出进行编制工作的报告，经同意后方可组织编制。

（2）在编制水域管理与保护规划前，应当对现行规划的实施情况进行总结，对水域现状作出评价；针对存在问题和出现的新情况，对水域的规划基本水面率、水域总体布局、水域保护与利用和水域管理等关键问题进行前瞻性研究。

（3）编制水域管理与保护规划首先要根据前期研究结果编制水域管理与保护规划工作大纲，按规定提请审查。

（4）根据政府出台的相关文件规定和水域管理实际需求，编制水域管理与保护规划，是为维护和发挥水域在防洪、排涝、蓄水、航运、生态环境等方面的功能。

（5）规划依次编写规划区概况、规划指导思想、原则、水平年及目标、水域现状评价、规划基本水面率确定、水域总体布局、水域保护与利用、水域管理。规划主要内容是水域保护、开发利用和管理。

（6）水域管理与保护规划成果，按法定程序报请审查和批准。

三、相关规划

我国坚持管理工作先从规划抓起，正确把握河湖水域严格保护与合理利用的关系、依法管理与科学治理的关系、河湖资源的生态属性和经济属性的关系，重点推进管理与保护的专项规划，对重要河湖实行一河一湖一规划。先后完成了国家层面规划、流域层面规划以及省级层面规划。通过规划的编制和水利普查的开展，明确了河湖水域管理保护范围，划分了河湖等级，确定了不同区域、不同河湖的功能定位，合理划分了河湖的规划核心区、缓冲区、保护区、保留区、开发利用区等，为河湖水域的科学治理、合理利用和有效保护提供了依据。

1. 国家层面规划

如《全国主体功能区规划》《全国生态功能区划》《全国水土保持规划（2015—2030年）》等。

2. 流域层面规划

如《长江流域综合规划》《长江流域防洪规划》《长江流域水资源综合规划》《长江流域水功能区划》《淮河流域综合规划》《淮河流域防洪规划》《淮河流域水资源综合规划》《淮河流域水功能区划》《太湖流域综合规划》《太湖流域防洪规划》《太湖流域水资源综合规划》《太湖流域水功能区划》《太湖流域水环境综合治理总体方案》及其修编等。

3. 省级层面规划

以江苏省为例，省级层面规划主要有《江苏省主体功能区划》《江苏省生态功能区划》《江苏省水利现代化规划》《江苏省防洪规划》《江苏省水资源综合规划》《江苏省水资源保护规划》《江苏省水土保持规划》《江苏省地表水（环境）功能区划》（含局部调整内容）《江苏省水系规划》《江苏省省管湖泊保护规划》《江苏省重点地区中小河流治理建设规划》和各区域水利治理规划等。

第三节　岸线保护利用规划

一、岸线保护利用规划的编制要求

岸线保护利用规划要紧紧围绕构建社会主义和谐社会的宏伟目标，遵循全面、协调、可持续的科学发展观，落实新时期治水思路，贯彻“人与自然和谐相处”理念，正确处理开发与保护的关系，做到保护与开发并重，“在保护中促进开发、在开发中落实保护”，上下游和左右岸兼顾、近远期协调。依据《水法》等法律法规，着眼于河流岸线的可持续利用，在确保防洪安全、河势稳定、供水安全、水资源可持续利用、满足生态环境保护等要求的前提下，合理规划、科学布局，充分发挥岸线的综合功能，科学保护、强化管理，达到岸线资源的可持续利用，促进经济社会的可持续发展。

岸线保护利用规划的具体要求如下：

(1) 坚持人水和谐以及经济、社会、环境协调可持续发展。要重视发挥岸线资源的多功能作用，既要发挥岸线在防洪、供水、航运、水资源利用、生态环境保护等方面的作用，保障防洪安全、河势稳定、供水安全、保护水生态环境和维护河流健康，也要发挥岸线的社会服务功能资源效用，合理开发利用岸线资源，为沿河地区的经济社会发展服务。

(2) 坚持开发与保护并重、治理与开发结合，做到科学保护、注重治理、有效利用。要将岸线资源的保护和控制放在突出的位置，既要考虑沿河地区经济社会发展对岸线资源开发利用的需要，提出高效的开发利用方案，也要根据不同河段的河势特点和防洪、供水以及水生态环境保护的要求，提出合理控制保护的对策措施，对不适宜开发的区域要严格加以控制，实现“在保护中促进开发、开发中落实保护”。

(3) 坚持综合协调、统筹兼顾。按照流域综合规划的总体要求，综合协调岸线保护利用与沿河地区的经济社会发展、城市建设、国土、港口与航道、土地利用、环境保护等相关规划之间的关系，合理确定不同类型岸线开发利用功能及控制条件；处理好整体利益与局部利益的关系，统筹兼顾上下游、左右岸、地区间以及行业之间的需求，结合不同地区的岸线特点和开发利用与保护的要求，充分发挥岸线资源的经济、社会与生态环境效益，实现岸线资源的合理配置。

(4) 坚持突出重点、兼顾一般。根据河道岸线自然条件、沿河地区经济社会发展水平以及岸线开发利用程度，针对岸线开发利用与保护中的主要矛盾，按照轻重缓急，合理确定规划目标和任务。以岸线利用程度较高、岸线资源紧缺、防洪影响和河势控制问题突出、经济发展水平较高的城市段等为规划重点。

(5) 近远期兼顾。既考虑当前经济发展的迫切需要，又考虑将来经济发展的远期需要，根据河道演变特点及演变趋势，合理开发利用岸线资源，做到近远期兼顾，实现经济的可持续发展。

二、岸线保护利用规划的编制流程

在保障防洪安全、河势稳定、供水安全的前提下，为合理开发利用岸线资源，县级以上人民政府水行政主管部门应当紧紧围绕构建社会主义和谐社会的目标，遵循全面、协调、可持续的科学发展观，按照人与自然和谐发展的理念，按以下步骤编制岸线保护利用规划：

(1) 县级以上人民政府水行政主管部门提出编制岸线保护利用规划前要组织前期研究，按规定提出进行编制工作的报告，经同意后方可组织编制。

(2) 在县级以上人民政府水行政主管部门提出编制岸线保护利用规划前，应当对现行规划的实施情况进行总结，对岸线资源进行综合评价；针对存在问题和出现的新情况，对岸线的功能区规划、岸线边界线规划和岸线利用等关键问题进行前瞻性研究。

(3) 编制岸线保护利用规划首先要根据前期研究结果编制岸线保护利用规划纲要，按规定提请审查。

（4）根据岸线保护利用规划纲要和岸线保护利用规划技术细则，编制岸线保护利用规划，在保障防洪安全、河势稳定、供水安全的前提下，合理开发利用岸线资源。

（5）规划依次编写河道（湖泊）基本情况、岸线利用现状及存在的主要问题、规划指导思想、原则、水平年及目标、河道（湖泊）水文分析、岸线功能区规划、岸线边界线规划、岸线利用调整意见、岸线控制利用管理意见等。规划内容主要包括：一是划定岸线利用功能区和边界线；二是结合各功能区实际情况，提出不同岸段的开发利用条件和适宜利用的方向，阐明开发利用的制约条件，在此基础上提出岸线控制利用指导意见和措施。

（6）岸线保护利用规划成果，按法定程序报请审查和批准。

三、相关规划

我国坚持管理工作先从规划抓起，正确把握河湖岸线严格保护与合理利用的关系、依法管理与科学治理的关系、河湖资源的生态属性和经济属性的关系，重点推进管理与保护的专项规划，对重要河湖实行一河一湖一规划。先后完成了国家层面规划、流域层面规划以及省级层面规划，但河道（湖泊）岸线利用管理规划仍不够系统。通过规划的编制和水利普查的开展，明确了河湖岸线管理保护范围，划分了不同岸线功能区，为河湖岸线的科学治理、合理利用和有效保护提供了依据。

1. 国家层面规划

如《全国河道（湖泊）岸线利用管理规划技术细则》《全国河道（湖泊）岸线利用管理规划报告》《全国河道（湖泊）岸线利用管理规划工作大纲》《全国重点河段（湖泊）岸线利用管理规划》等。

2. 流域层面规划

如《长江流域综合规划》《长江干流及部分支流、湖泊岸线利用管理规划》《淮河流域综合规划》《淮河流域河道（湖泊）岸线利用管理规划》等。

3. 省级层面规划

如《江苏省省管湖泊保护规划》《江苏省重点地区中小河流治理建设规划》《江苏省长江河道岸线利用管理规划》《江苏省淮河流域河道湖泊岸线利用管理规划》《江苏省长江岸线开发利用和保护总体规划》《江苏省长江岸线开发利用和保护总体规划配合工作成果》《江西省河道（湖泊）岸线利用管理规划报告》《山东省省级重要河湖岸线利用管理规划编制工作方案》《山东省省级重要河湖岸线利用管理规划工作大纲》等。

第五章

河湖水域岸线管护体制机制

我国大部分地区相对重视工程管理，而对河湖水域岸线的功能性管理和资源的高效利用及有效保护重视不够、措施不力，表现在对河湖水域岸线长效管理的必要性、复杂性和艰巨性认识不够充分，缺乏相应的管理考核和激励机制，各区（县）政府和有关部门对河湖水域岸线长效管理的积极性不一。

近年来，我国在河湖水域岸线管护方面采取了一系列有力举措，取得了显著的成效，但是河湖水域岸线破坏历史久、速度快，“重建轻管”思想根深蒂固，河湖水域岸线管护又常常具有滞后性，往往是破坏发生以后的救火管护，破坏既成事实，修复又需要花费大量的人力、物力和时间，河湖水域岸线管护难度大。同时，由于管理职能的交叉和缺位，河湖水域岸线管护职能没有完全落实到位，难以实现岸线资源的优化配置，难以快速推进河湖生态修复和科学管理。

为了强化河湖水域岸线功能管理，稳定管理投入，强化河湖水域岸线长效管护，要尽快地形成河湖水域岸线管理与保护的新思路，改变“重建轻管”思想，适应国家管理能力现代化的要求，重视和发挥新阶段水利管理的重要作用，构建充满活力、富有效率、创新引领、法制保障的河湖水域岸线的管护长效机制，为全国水利科学发展提供支撑和保障。

本章探讨建立协同管理机制，明晰协同管理流程，明确管理协调的方式，以提高协同管理效率；讨论建立管养分离机制的必要性及其方式，将水域岸线的维修养护推向市场；探讨责任主体考核问责，明确考核主体及对象、考核原则、考核内容和考核问责结果；探讨建立包括组织管理、安全管理、运行管理、经济管理等内容的水域岸线管理机制；探讨建立湖泊网格化管理机制等。

第一节　协同管理机制

协同管理就是将整体中个体的各种资源包括人力、财力、物力、信息、文化有机关联起来，使之能够为了完成共同的整体目标而进行协调或合作，通过对有限资源的合理利用，实现这些资源的利益最大化，消除在协作过程中产生的各种壁垒和障碍，取得个体和整体之间的“双赢”效果。

一、协同管理机制的建立

河湖水域岸线管护是一个复杂的系统工程，涉及上下游、左右岸、干支流，不同流域、行政区域和行业。虽然法律规定水行政主管部门是河湖水域岸线管理的主体单位，但农林、旅游、规划、交通、环保、渔管会等相关部门也负责相应的工作。如农林、规划、渔管会等相关部门共同负责河湖的水产养殖工作，旅游、规划、交通等相关部门共同负责河湖的旅游开发工作，规划、环保等相关部门共同负责河湖的生态环境保护工作。在管理实践中，往往存在着各部门间各自为政的现象，缺乏统筹协调，给河湖水域岸线管护工作造成一定困扰。各相关管理部门的协调一致，信息的顺畅沟通，岸线资源的多目标协同优化都是河湖水域岸线管护的基本工作，这就要求在管护过程中实现协同管理，以提高河湖水域岸线的管护水平。

“河长制”，即由党政领导担任河长，依法依规落实地方主体责任，协调整合政府各部门力量，确保水资源保护、水域岸线管理、水污染防治、水环境治理等工作顺利开展的制度。河长制涉及的部门多、层级多，需要建立以下的协同管理机制才能很好地开展河道湖泊管理与保护工作。

1. 步调统一的协调机制

中共中央办公厅、国务院办公厅印发的《关于全面推行河长制的意见》提出，建立河长会议制度、信息共享制度、工作督察制度，协调解决河湖管理保护的重点难点问题，定期通报河湖管理保护情况，对河长制实施情况和河长履职情况进行督察。各级河长制办公室要加强组织协调，督促相关部门单位按照职责分工，落实责任，密切配合，协调联动，共同推进河湖管理保护工作。

2. 全域治理的责任机制

山、水、林、田、湖是一个生命共同体，治水靠一个部门单打独斗不行，必须统筹上下游、左右岸系统治理。上游和下游同在一个自然流域、同一个生态系统，生态环境保护和治理不能以行政区划为单位，而应以同一个自然流域（即同一个自然生态系统）为单位，协调联动。生态环境保护要实现共建共管，打破行政区划很重要，必须要有切实可行的统一规划、联动机制、合作模式。坚持党政同责、属地管理，整体思维、系统治理。各级政府职能部门各司其职、各负其责，密切配合、协调联动。建立河长负责、一河一策、综合施策、多方共治的河长制工作机制，建立健全配套工作制度，形成河湖管理保护的长效机制。全面加强水资源保护、加强河湖水域岸线管理保护、加强水污染防治、加强水环境治理、加强水生态修复、加强执法监管。建立河长联席会议制度，制定和审议河长制重大措施，协调解决河湖管理保护中的重点难点问题。

3. 多方参与的监控机制

统一规划、优化整合、合理布局监测点。实现省、市、县三级监测数据有效汇聚和环保、水务、住建、农业相关部门监测数据共享共融。自觉接受人大、政协监督，支持各民主党派、工商联、无党派人士、非政府组织参与河湖管理保护。鼓励、引导民间环保组织有序参与，聘请相关专家学者、生态文明志愿者、政风行风监督员等对河湖管理保护工作进行监督和评价，适时开展河湖管理保护第三方评估。做好宣传舆论引导，提高全社会对河湖保护工作的责任意识和参与意识。

4. 从严从实的督导机制

在水资源、水环境、水生态调研评估基础上，细化实化水资源保护、水域岸线管理、水污染防治、水环境治理、水生态修复、执法监管等任务，每年编制责任清单、任务清单，定期开展督导检查，重大问题限期整改，验收反馈。建立工作督察制度，各级河长负责牵头组织督察工作，对河长制实施情况和河长履职情况进行督察，按照工作方案确定的时间节点进行验收。

5. 协同联动的执法机制

中共中央办公厅、国务院办公厅印发的《关于全面推行河长制的意见》提出，要建立健全法规制度，加大河湖管理保护监管力度，建立健全部门联合执法机制，完善行政执法与刑事司法衔接机制。建立河湖日常监管巡查制度，实行河湖动态监管。落实河湖管理保护执法监管责任主体、人员、设备和经费。严厉打击涉河湖违法行为，坚决清理整治非法排污、设障、捕捞、养殖、采砂、采矿、围垦、侵占水域岸线等活动。为此，河长制办公室要全面统筹、综合协调相关部门，对涉河涉水重要事件开展联合执法。相关职能部门要加强日常监管执法，有条件的地方可开展流域综合执法。建立部门协调和上下联动机制，加强部门联合执法，加大对涉河湖违法行为打击力度。强化上下协同作业，同步推进河长制各项工作，加强对下一级河长制实施的指导和监督，层层压实责任。

6. 奖惩分明的考评机制

党中央、国务院要求，根据不同河湖存在的主要问题，实行差异化绩效评价考核，将领导干部自然资源资产离任审计结果及整改情况作为考核的重要参考。县级及以上河长负责组织对相应河湖下一级河长进行考核，考核结果作为地方党政领导干部综合考核评价的重要依据。实行生态环境损害责任终身追究制，对造成生态环境损害的，严格按照有关规定追究责任。

二、协同管理流程

协同管理，就是以“发现问题→提出问题→响应问题→解决问题→结束问题”为工作流程，通过不断改进整个项目的合作水平和效率，为更好的合作创造条件，达到整个项目的整体目的。协同管理流程见图5-1。

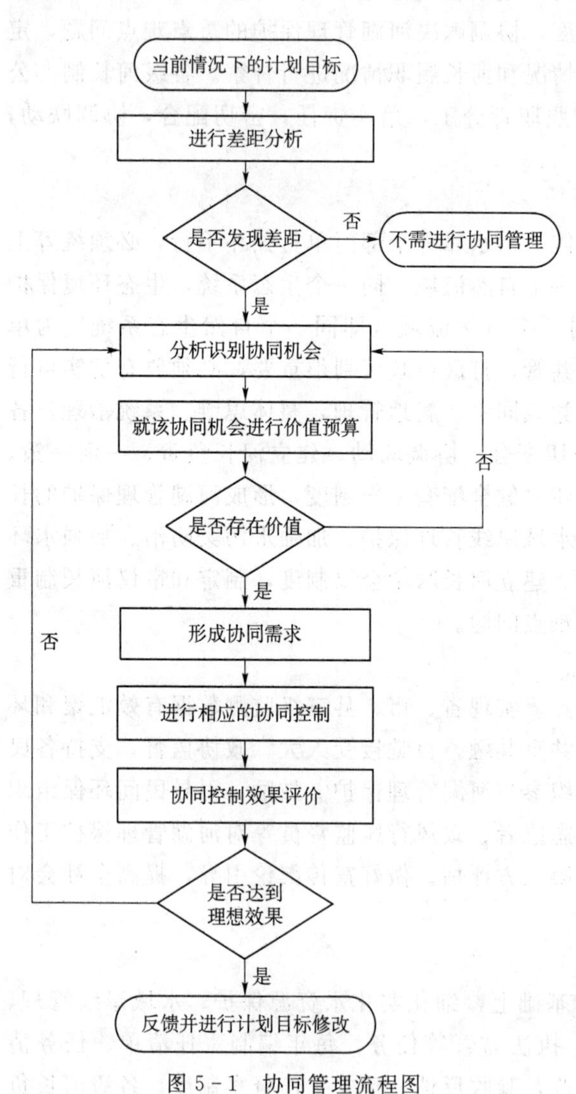

图5-1 协同管理流程图

各级水行政主管部门要切实承担起河道湖泊日常管护工作的职责，当好政府领导和河长的参谋，及时反映河道湖泊现状及管护工作中的困难和问题，研究提出解决办法，为政府领导和河长的决策提供参考。加强与相关职能部门的协同联动，按照法定职责和任务分工，积极作为，形成强大的工作合力，共同推进河道和湖泊的长效管理和保护。

三、管理协调的方式

各相关部门在河长统一领导下，各司其职、各负其责，加强协作配合，形成工作合力。对涉及多部门协作的河湖管理保护任务，由牵头部门主动推进，相关部门积极配合，协同发力。河长、河长制办公室不代替各职能部门工作。

随着河长制的推行，在河长统一领导下，各涉水部门充分认识到水资源、水生态、水安全的内在关联和因果关系，确立了“五水共治”系统治理路径，强化了涉水部门合作，各部门力量得到整合，有效破解了“九龙治水”的顽疾，更好地发挥了协同管理机制。由环保部门（环保厅）牵头，环保部门主抓治污水，水利部门主抓防洪水、保供水，住建部门主抓排涝水、抓节水，在省治水领导小组办公室统一领导下，统筹谋划、分工合作、事半功倍。组建由各级政府、水利、环保和海洋渔业等部门组成的湖泊管理与保护联席会议制度，进一步整合各地区、各部门涉河涉湖管理的职能，变“多龙管湖”为联合治湖，省管湖泊建立联席会议工作机制，基本形成河、湖、库全面管理的组织体系。协同管理机制的建立，缓解了过去“水利不上岸，环保不下水”的职能分割、片面治水等矛盾。从尊重水的多重属性出发，不仅能更科学把握治水规律，而且还能集中力量以较低成本实现治水目标，较好地完成河湖水域岸线管护工作。

第二节 管养分离机制

水域岸线“管养分离”就是管理和养护机构、人员、经费相分离，建立精简高效的管理机构，把水域岸线的维修养护推向市场，实行物业化管理。具体地讲，就是对管理人员落实岗位责任制，实行目标管理，定岗、定编、定职、定责，形成精简高效的管理机构；同时，把维修养护的职能和人员从管理机构中剥离出来，组建维修养护经济实体，实行合同管理，实现“三个转变”，即养护维修队伍由事业转变为企业，养护维修任务由指定转变为招标，养护维修形式由分散化转变为专业化、社会化。

一、建立管养分离机制的必要性

为提高维修养护水平，降低管理成本，使涉水项目管理和维修养护适应市场经济的要求，应借鉴国内外其他行业的成功经验，在总结部分地区水域岸线“管养分离”实践经验的基础上，建立管养分离机制，积极推行水域岸线管理和维修养护的分离。

1.“管养分离”是水管单位改革的需要

长期以来，水管单位管养一体，职责不清，机构臃肿，经费混用，形成了一支庞大的水管队伍，管理效率低下，工程运行成本较高。而“管理”与“养护”同属一个机构，又使管理资金与用于养护维修的资金界定不清，使用混乱，遇到问题由于管养职责不清，责任不落实，无人负责，已造成涉水建设项目老化失修，影响了水域岸线管理效益的发挥。“管养分离”要求水管单位精简管理机构，降低运行成本，落实养护维修资金，提高养护水平，使建设项目得以正常运行、效益充分发挥，是水管单位得以生存和发展的根本措施，符合水管单位体制改革的要求。

2.“管养分离”是公共财政制度的要求

公共财政制度要求，政府财政支出主要用于社会公益事业，绝大多数的水管单位承担着公益性工程管理的任务，这部分管理运行经费应该由财政担负。过去由于定位不准，水管单位的公益性与经营性界定不清，政府对水管单位公益性支出难以落实，水管单位财务困难，产生生存危机。因此，只有“管养分离”，才可能按照公共财政制度，畅通运行维护和人员工资等经费渠道，使公益性支出得到合理补偿。

3. “管养分离”是适应全国改革形势的必然结果

改革开放以来，全国各行各业都在与时俱进、开拓创新，而水管单位的改革却停留在内部调整上，没有较大改革措施，改革进程滞后于全国改革形势。“管养分离”则是水管单位深化改革的重大举措之一，符合公共财政政策，适应当前改革大潮。

实行水域岸线管理运行和维修养护分离是市场经济条件下，提高维修养护水平，降低管理成本的重要举措。采用“政府购买服务”方式，水域岸线维修养护走上社会化、规范化、标准化和专业化的道路。对管理运行人员全部落实岗位责任制，实行目标管理。为确保管养分离改革的顺利进行，各级财政应保障经核定的涉水项目维修养护资金足额到位。创造条件，培育维修养护市场主体，规范维修养护市场秩序。各级政府和水行政主管部门以及有关部门应当努力创造条件，一方面把工程维修养护推向社会，培养维修养护的市场需求量；另一方面，通过水管单位人员分流，组建专业化的维修养护队伍，培养维修养护业务供应量。以此培育维修养护市场主体，规范维修养护市场秩序，建立起较为成熟的水域岸线维修养护市场。

通过改制实行管养分离后，水域岸线的维修养护将纳入市场化管理，通过市场招投标确定维修养护队伍。为促进维修养护市场良性发展，提高水域岸线维修养护水平，确保工程安全运行，必须建立健全市场化运作相关管理制度，明确维修养护队伍资质的要求，定职责、定报酬，实现堤防的高标准养护。健全维修养护工作的目标考核体系。

二、管养分离的方式

“管养分离”具体操作时，有以下两种方法：

(1)“三步走”模式：第一步，水管单位内部实现涉水建设项目管理部门与养护维修队伍分设，管理人员与养护人员分开，各自独立核算，对维修养护工作实行内部合同管理，模拟市场运作；第二步，养护维修队伍与所属水管单位脱钩，独立或联合组建养护企业，但仍主要承担原水域岸线的维修养护工作；第三步，水域岸线维修养护工作全面实现专业化、社会化、市场化，水管单位通过招标方式择优确定养护单位。

(2) 直接分离模式：管理和养护机构、人员、经费彻底分开，但考虑到水域岸线的维修养护工作要完全实现社会化和市场化需要一个过程，因此应视各地财力保障情况逐步推进。

第三节　责任主体考核问责机制

随着“河（湖）长制”的推行，河长制考核机制势在必行，而加强河湖水域岸线管理保护是“河长制”工作任务的重要组成部分，因此本节参考河长制考核机制，探讨建立针对水域岸线的责任主体考核问责机制。

一、考核主体及对象

县级以上地方人民政府领导河湖水域岸线管护工作，县级以上地方人民政府水行政主管部门是河湖水域岸线管护的主管部门，经省人民政府批准设立的水利工程管理机构履行河湖水域岸线监督管理职责，地方各级人民政府及有关部门、新闻媒体落实有关河湖水域岸线的宣传教育工作。对部分跨行政区域的河湖，需进一步明确责任主体，实行“河（湖）长制”，加强落实河湖水域岸线管护的职责。

根据上述责任主体结构组成，考核可以分为两类：一是上级河湖管护部门对下级河湖管护部门的考核；二是地方党委政府对同级水行政主管部门、河湖管护部门等组成部门的考核。

二、考核原则

根据不同河湖管理保护存在的主要问题，实行差异化绩效评价考核。应坚持导向性、差异性和动态性，即应以顶层制度（包括目标）为导向、考虑河湖差异性、根据各阶段任务可以动态调整，保证考核结果的客观性、公正性。

考核工作应坚持目标导向、差异考核，公平公正、量化评价，奖优罚差、社会监督的原则。

三、考核内容

考核内容主要针对目标任务的完成情况。任务的完成情况主要依据各地河湖水域岸线管理与保护要求的不同，根据实际情况进行考核，考核内容主要包括水域岸线空间管控体系的建立、涉水建设项目管理的规范、非法涉水活动的整治、水污染防治、水环境治理、水生态修复和水文化传播等。

四、考核结果应用

考核结果应强化考核问责。根据不同河湖管护存在的主要问题，实行差异化绩效评价考核，将领导干部自然资源资产离任审计结果及整改情况作为考核的重要参考，实行生态环境损害责任终身追究制，对造成生态环境损害的，严格按照有关规定追究责任。考核结果应用具体要求如下：

1. 与离任审计挂钩

河湖作为自然资源的重要载体和生态文明建设的重要组成部分，应重视责任主体考核结果。进行考核时，不仅要把上一任领导干部的自然资源资产离任审计结果作为下一任领导干部水域岸线管护考核的重要参考，还应将领导干部任期内的考核结果纳入领导干部自然资源离任审计的考核体系，作为离任审计的重要参考。

2. 整改的重要参考

通过对责任主体的考核，发现履职工作不到位及任务完成不及时的情况，明确下一步整改工作的要点，督促水域岸线管护有关部门更好地落实职责。同时，进行下年度考核时要着重参考上年度考核后的整改情况，未整改或整改后仍有重大问题的，本年度考核直接为“不合格”；整改后工作明显提升，本年度考核可在考核结果上予以偏“优”考虑。

3. 问责

对因工作不到位发生严重环境污染和生态破坏事件，或者对事件处置不力者，采用“一票否决”，区分情况采取责令免职、辞职、降职和党纪政纪处分等惩戒措施。对造成生态环境和资源严重破坏者，应进行追溯调查，严格实行生态环境损害责任终身追究制。

4. 激励奖励

激励制度主要是通过以奖代补等多种形式，对成绩突出的地区、责任单位及责任主体进行表彰奖励，并明确激励形式、奖励标准等。考核成绩优秀者，可以通过在项目或资金安排上优先考虑、以奖代补、通报表扬等多种形式以示鼓励，同时应明确各种奖励形式对于不同考核成绩等级的奖励标准。

第四节 水域岸线工程管理机制

水域岸线工程是指河湖水域岸线范围内为稳定河势、保障河道行洪安全和维护河湖健康生命而修建的工程设施，主要包括岸线建筑物、岸线防护工程、生物防护工程、各类工程排水系统（工程排水沟、减压井、排渗沟等）、标志标牌（里程桩、禁行杆、分界牌、警示牌等）。

河湖水域岸线管理单位应高度重视河湖水域岸线工程管理机制建设，按照责任到位、措施到位的要求，精心组织，认真落实这项工作。同时，针对河湖水域岸线工程现存问题，尽快形成河湖水域岸线的工程管理新思路，健全既全面又有针对性的河湖水域岸线工程的管理机制，并对河湖水域岸线工程进行组织、安全、运行及经济四个方面的管理。

一、组织管理

河湖水域岸线工程组织管理涉及具体内容如下：

（1）管理体制和运行机制。管理体制顺畅，管理权限明确；实行管养分离，内部事企分开；分流人员合理安置；建立竞争机制，实行竞聘上岗；建立合理、有效的分配激励机制。

（2）机构设置和人员配备。管理机构设置和人员编制有批文；岗位设置合理，按部颁标准配备人员；技术工人经培训上岗，关键岗位要持证上岗；单位有职工培训计划并按计划落实实施，职工年培训率达到各省市具体要求。

（3）精神文明。管理单位领导班子团结，职工敬业爱岗；庭院整洁，环境优美，管理范围内绿化程度高，无垃圾杂物；管理用房及配套设施完善，管理有序；单位内部秩序良好，遵纪守法；近三年获县级（包括行业主管部门）及以上精神文明单位称号。

（4）规章制度。建立、健全并不断完善各项管理规章制度，包括人事劳动制度、学习培训制度、岗位责任制度、请示报告制度、检查报告制度、安全生产管理制度、工作总结制度、工作大事记制度等；关键岗位制度明示；各项制度落实，执行效果好。

（5）档案管理。档案管理制度健全，有专人管理，档案设施齐全、完好；各类工程建档立卡，图表资料等规范齐全，分类清楚，存放有序，按时归档；档案管理获档案主管部门认可或取得档案管理单位等级证书。

二、安全管理

河湖水域岸线工程安全管理涉及具体内容如下：

（1）工程标准。河湖水域岸线堤防工程达到设计防洪（或竣工验收）标准。

（2）确权划界。按规定划定河湖水域岸线管理范围及相关涉水工程管理和保护范围；划界图纸资料齐全；工程管理范围边界桩齐全、明显；工程管理范围内土地使用证领取率达到各省市具体要求。

（3）建设项目管理。河湖水域岸线开发利用符合流域综合规划和有关规定；对河湖水域岸线管理范围内建设项目情况清楚；依法对管理范围内批准的建设项目进行监督管理；建设项目审查、审批、竣工验收及监管资料齐全。

(4) 岸线清障。对岸线上建筑物的数量、位置、设障单位等情况清楚；及时提出清障方案并督促完成清障任务；无新设障现象。

(5) 水行政管理。定期组织水法规学习培训，使领导和执法人员熟悉水法规及相关法规，做到依法管理；水法规等标语、标牌醒目；河道采砂等监管到位，无违法采砂现象；对其他涉河活动依法进行管理；配合有关部门对水环境进行有效保护和监督；案件取证查处手续、资料齐全、完备，执法规范，案件查处结案率高。

(6) 防汛组织。各种防汛责任制落实，防汛岗位责任制明确；防汛办事机构健全；正确执行经批准的调度运用方案或指令；抢险队伍落实到位。

(7) 防汛准备。按规定做好汛前防汛检查；编制防洪预案，落实各项度汛措施；重要险工险段有抢险预案；各种基础资料齐全，各种图表（包括防汛指挥图、调度运用计划图表及险工险段、物资调度等图表）准确规范。

(8) 防汛物料。各种防汛器材、料物齐全，抢险工具、设备配备合理；仓库分布合理，有专人管理，管理规范；完好率符合有关规定且账物相符，无霉变、无丢失；有防汛料物储量分布图，调运及时、方便。

(9) 工程抢险。险情发现及时，报告准确；抢险方案落实；险情抢护及时，措施得当。

(10) 工程隐患及除险加固。对堤防进行有计划的隐患探查；工程险点隐患情况清楚，根据隐患探查结果编写分析报告，并及时报上级主管部门；有相应的除险加固规划或计划；对不能及时处理的险点隐患要有度汛措施和预案。

(11) 岸线安全。在设计洪水（水位或流量）内，未发生堤防溃口或其他重大安全责任事故。

三、运行管理

河湖水域岸线工程运行管理涉及具体内容如下：

(1) 日常管理。河湖水域岸线整治工程有专人管理，按章操作；管理技术操作规程健全；定期进行检查、维修养护，记录规范；按规定及时上报有关报告、报表。

(2) 岸线防护工程。岸线防护工程（护坡、护岸、丁坝、护脚等）无缺损、无坍塌、无松动；备料堆放整齐，位置合理；工程整洁美观。

(3) 岸线建筑物。岸线建筑物符合安全运行要求；金属结构及启闭设备养护良好、运转灵活；混凝土无老化、破损现象；岸线与建筑物联结可靠，结合部无隐患、无渗漏现象。

(4) 损害岸线动物防治。在损害岸线动物活动区有防治措施，防治效果好，检查防治记录完整；无獾狐、白蚁等洞穴。

(5) 生物防护工程。工程管理范围内、宜绿化面积中，绿化覆盖率达各省市具体要求；树、草种植合理，宜植防护林的地段要形成生物防护体系；林木缺损率小于各省市具体要求，无病虫害；有计划地对林木进行间伐更新。

(6) 工程排水系统。按规定各类工程排水沟、减压井、排渗沟齐全、畅通，沟内杂草、杂物清理及时，无堵塞、破损现象。

(7) 工程观测。按要求对涉水工程及河势进行观测；观测资料及时分析，整编成册；观测设施完好率达各省市具体要求。

(8) 河道供排水。河道（网、闸、站）供水计划落实，调度合理；供、排水能力达到设计要求；防洪、排涝实现联网调度。

(9) 标志标牌。各类工程管理标志、标牌（里程桩、禁行杆、分界牌、疫区标志牌、警示牌、险工险段及工程标牌、工程简介牌等）齐全、醒目、美观。

(10) 管理现代化。有管理现代化发展规划和实施计划；积极引进、推广使用管理新技术；引进、研究开发先进管理设施，改善管理手段，增加管理科技含量；工程观测、监测自动化程度高；积极应用管理自动化、信息化技术；系统运行可靠、设备管理完好，利用率高。

四、经济管理

河湖水域岸线工程经济管理涉及具体内容如下：

(1) 财务管理。维修养护、运行管理等费用来源渠道畅通，及时足额到位；有主管部门批准的年度预算计划；开支合理，严格执行财务会计制度，无违规违纪行为。

(2) 工资、福利及社会保障。人员工资及时足额兑现；福利待遇不低于当地平均水平；按规定落实职工养老、失业、医疗等各种社会保险。

(3) 水土资源利用。有水土资源开发利用规划；可开发水土资源利用率达到各省市具体要求，经营开发效果好。

第五节　湖泊网格化管理机制

一、湖泊网格化管理

“网格化管理”是借鉴于城市社区治安管理的一种方式。所谓网格，就是将所管理的区域划分为一个个的“网格”，使这些网格成为基本的管理单元。网格化管理依托统一的管理数字化平台，通过落实网格管理责任制度，加强对单元网格的巡查监督，建立一种监督和处置互相分离的管理方式。“网格化管理”的优势在于将过去被动应对问题的管理模式转变为主动发现和解决问题的管理模式，可以保证管理的敏捷、精确和高效。作为一种科学封闭的管理机制，网格化管理具有一整套规范统一的管理标准和流程，使得管理步骤形成一个闭环，提升了管理的能力和水平，将过去传统、被动、定性和分散的管理，转变为现代、主动、定量和系统的管理。

为了适应经济新常态下河湖水域岸线管护的需求，完善河湖水域岸线管理与保护体制机制，强化河湖水域岸线动态管护及长效管理，提出一种基于湖泊网格化管理的动态管护模式，做到定格、定人、定责，并针对每个网格的特点进行管护能力建设，动态调整网格内管护责任主体、特定地理信息、管护需求、管护对象及能力建设等内容。通过湖泊网格化管理加强水域岸线保护，做到早发现、早处置，继而强化防洪、生态、资源等管理。推行湖泊网格化管理，从源头上、从根本上逐步实现水域岸线长效管护，保护并恢复水域防洪、供水、生态等功能，维护湖泊健康生态。

借助3S技术设计实现湖泊网格化管理信息化平台，支撑网格化管理的监管，实现了水域岸线管理业务处理与决策的信息化与科学化。搭建网格化管理信息平台，优化湖泊水域岸线管护体系，做到横向到边、纵向到底，无疏漏、全覆盖，达到责任主体明确、职能分工到位、提高管理效果的建设目标。通过该平台，巡查和管理人员能够实时接收上级的指令，实现与上级管理平台的互动，同时后台管理系统可以实现对网格长巡查工作的监管、基础水利信息的查询、湖泊开发利用情况查询、视频监控和遥感影像对比分析等功能。平台的建成，将使网格化管理工作向信息化、数字化迈进，使网格化管理工作再上一个新台阶。这也是落实党中央国务院提出的全面实行“湖长制”的一种技术措施。

二、案例分析——洪泽湖网格化管理

洪泽湖是我国第四大淡水湖泊，是淮河上中游来水和南水北调东线工程重要的调蓄湖泊，是苏北地区主要的水源地。数百年来，洪泽湖就与沿湖人民生存和发展息息相关，在防洪调蓄、灌溉供水、生态保护、航运交通、水产养殖等方面，发挥着重要作用。但随着洪泽湖周边经济社会的迅速发展，工业化、城镇化进程的加快推进，非法圈圩养殖、非法采砂和违法建设等无序开发利用行为对洪泽湖的危害也逐渐显现，洪泽湖水域面积日趋萎缩，水质生态受到破坏，湖泊功能逐渐衰退。

为加强湖泊保护，有效发挥湖泊功能，合理利用湖泊资源，维护湖泊健康生态，2005年《江苏省湖泊保护条例》颁布实施，2006年《江苏省洪泽湖保护规划》得到省政府批复，洪泽湖管理与保护工作踏上新的征程。2015年9月，江苏省政府批复组建江苏省洪泽湖管理委员会，使得洪泽湖管理与保护工作的机制得到进一步的强化，管理平台得到进一步提升，管理能力得以进一步增强。为了切实推进洪泽湖长效管理，2016年4月江苏省洪泽湖管理委员会第一次全体会议审议通过了《洪泽湖网格化管理实施意见》。对洪泽湖实施网格化管理，这既是江苏省在湖泊管理与保护机制上的一个创新，也是江苏省水利厅长期以来在洪泽湖管理与保护工作中积极努力、上下求索的重要成果，将洪泽湖管理与保护工作水平推上了新高度。

网格化管理是一种管理机制和手段，通过定格、定人、定责，及时发现和解决洪泽湖管理与保护中出现的问题。近期目标是通过洪泽湖网格化管理来加强宣传、巡查、执法，及时发现人为侵占湖泊等行为，对圈圩等突出问题做到早发现、早处置；远期目标是通过洪泽湖网格化管理来强化湖区防洪、生态、资源等管理。推行洪泽湖网格化管理，可进一步强化洪泽湖管控能力和量化管理水平，有利于实现洪泽湖的长效管护，保护并恢复洪泽湖防洪、供水、生态等功能，维护洪泽湖健康生态。在湖泊管理与保护工作中，湖泊管理责任需要落实，巡查和执法死角需要补漏，河湖管理职责要完全落实到位，洪泽湖网格化管理，可优化洪泽湖管护体系，整合管理资源，实视信息共享，做到横向到边、纵向到底，无疏漏、全覆盖，达到责任主体明确、职能分工到位、提高管理效果的目标。

以洪泽湖蓄水范围线为界，涵盖洪泽湖水域及陆域1780km^{2}的范围。依据任务相当、界定清晰、责任明确的原则划分网格，网格间有机衔接、不留空白。按照统一管理与分级管理要求，设立三级网格。一级网格：以洪泽湖全湖为单元划分为一级网格，责任主体为江苏省洪泽湖管理委员会，江苏省洪泽湖管理委员会办公室负责日常的运行和管理工作。二级网格：责任主体为湖长，在一级网格范围内，沿湖洪泽县、盱眙县、淮阴区、泗洪县、泗阳县、宿城区和省洪泽湖水利工程管理处按照行政辖区和管理范围划分为二级网格，依据管理范围内的行政区划、地形地貌、面积等划分片区，每个片区由一名县（区）领导担任湖长。三级网格：责任主体为网格长。沿湖洪泽县、盱眙县、淮阴区、泗洪县、泗阳县、宿城区和省洪泽湖水利工程管理处在各自二级网格范围内，按照行政村区划、管理便捷等要求进一步细划为三级网格。按照水域陆域面积大小、湖湾河汊复杂程度、非法圈圩数量和巡查难易程度等，将片区划分成若干圩区网格，由县（区）水利部门在编在职的公职人员担任网格长。目前，6 位县级湖长、53 位乡级副湖长、125 位网格长已全部到位并入格履职，形成“全面覆盖、层层履职、网格到底、人员入格、责任定格”的管理网络体系。

上述案例表明，通过建立洪泽湖网格化管理信息数据库、配发现场巡查定位设备等手段，完成网格化日常管理平台建设，基本实现了洪泽湖巡查、监控、网格化日常管理全覆盖，为管理者的科学决策、管理的协同处理和资源共享提供了有力支持。对洪泽湖日常巡查、监控及管护的方式体现了全面贯彻落实“湖长制”和水利部关于加强河湖管理工作的指导意见，强化了对河湖水域岸线的管理与保护。

附件：湖长制下洪泽湖网格化管理实施意见（2018 年 9 月 6 日稿）

洪泽湖是淮河流域上中游来水和南水北调东线工程重要调蓄湖泊，是我省苏北地区主要水源地，具有防洪、水资源供给、生态保障、航运、渔业养殖、旅游等多种功能。多年来，省委、省政府高度重视洪泽湖管理与保护工作，综合治理持续开展、管理体制机制不断完善，洪泽湖公益性功能得到恢复提升。但是非法圈圩、非法采砂、非法建设、水生态退化、无序开发等问题仍未得到根本解决。为进一步强化洪泽湖空间管控能力，健全长效管护机制，2016 年省洪泽湖管委会印发了《洪泽湖网格化管理实施意见》，启动了洪泽湖网格化管理试点工作，取得初效。今年年初，省委办公厅、省政府办公厅出台《关于加强全省湖长制工作的实施意见》，明确要求“推进河湖长效管护，建立河湖网格化管理模式，强化河湖日常监管巡查”。为贯彻落实湖长制相关部署要求，省洪泽湖管理委员会办公室对原《洪泽湖网格化管理实施意见》进行了修改和完善，形成湖长制下洪泽湖网格化管理实施意见如下。

一、指导思想

深入践行习近平总书记“节水优先、空间均衡、系统治理、两手发力”的新时期治水方针，牢固树立生态优先、绿色发展理念，全面贯彻中央关于生态文明建设的决策部署，紧紧围绕推进“两聚一高”新实践和“1＋3”功能区发展战略，以全面推行湖长制为契机，以落实管护主体责任为重点，完善洪泽湖管理体制、创新管理机制，强化湖泊空间管控，突出地区合作、部门联动，切实维护湖泊健康生命，实现资源永续利用，为高水平全面建成小康社会、实现“强富美高”新江苏提供有力支撑和基础保障。

二、工作目标

通过洪泽湖网格化管理机制创新和实践，建立科学的分工协作机制、高效的工作运行机制、规范的监督考核机制，形成“人员入格、责任定格”的管理网络，实现“责任到位、监督定位、奖惩定量”的管控目标，从“严格湖泊空间管控、强化湖泊资源管理保护、加强湖泊水资源保护和水污染防治、加大湖泊水环境综合整治力度、开展湖泊生态治理与修复、建立湖泊管理长效机制、健全湖泊执法监管机制、提升湖泊综合功能”等方面，助力“湖长制”工作。

三、基本原则

（一）实行统一管理与属地管理结合

充分发挥省洪泽湖管理委员会统筹协调作用，全面统筹全湖网格化管理。全湖各级地方政府按照事权划分和属地管理原则，负责辖区内网格的运行管理，全面落实市级湖长、县级湖长、网格长和网格员责任，形成“全面覆盖、层层履职、网格到底、人员入格、责任定格”的管理网络体系。

（二）强化事务统筹与信息互通

网格化管理内容包含防洪、生态、治安、交通、渔业、农业、林业等多方面工作。省洪泽湖管理委员会办公室、各级湖长办公室应充分发挥事务枢纽、沟通平台作用，通过建立网格化信息平台，强化委员会成员之间、湖区地区之间、相关部门之间的协作和沟通，切实统筹涉湖相关工作。

（三）注重地区合作与部门联动

洪泽湖管理是一个系统工程，涉及两市六县（区）和诸多相关部门，各地各部门应强化协作，特别在打击非法建设、围湖造地、非法圈圩、非法采砂、非法养殖（种植）、非法排污，促进湖泊生态健康和水环境保护等方面要加强合作联动，形成管理合力。

（四）不断完善网格化管理机制

全湖各级政府和相关部门应进一步落实湖泊管护责任，在网格化管理实践中不断总结，建立科学的分工协作机制、高效的工作运行机制、规范的监督考核机制，突出加强网格长和网格员队伍建设，强化日常巡查、信息报送、事务处理等流程管理，着力提高洪泽湖管理整体效能和水平。

四、网格划分及职责

（一）一级网格

以洪泽湖蓄水范围线向外拓展一定范围为一级网格，一级网格责任主体是洪泽湖管理委员会及淮安市、宿迁市市级湖长。

洪泽湖管理委员会主要职责：统筹、协调全湖网格化管理，对两市、六县（区）及省洪泽湖水利工程管理处洪泽湖网格化运行进行监管；建立健全网格化管理运行管理机制和监督考核制度；建立健全网格化管理各项制度；协调处理网格化管理中重大事项。

市级湖长职责：组织协调辖区内洪泽湖网格化管理工作，对网格化运行进行监管，协调解决湖泊网格化管理推行过程中的重大问题。

洪泽湖管理委员会办公室在洪泽湖管委会指导下，承担网格化管理日常工作。根据实际情况，及时对网格进行调整，不断完善网格化组织构架；制订修订网格化管理各项制度，开展网格化管理信息化建设；协调处理相关涉湖问题；对各市、县（区）洪泽湖网格化管理工作进行监督、考核，定期向委员会汇报网格化管理运行情况，重大事项及时向委员会报告。

市河湖长制办公室在管委会、市级河长领导下，承担辖区内网格化管理日常事务，协调推进所辖县（区）范围内湖泊网格化管理工作，交办、督办管委会和市级湖长确定的事项，对网格巡查进行监管。

（二）二级网格

在一级网格范围内，二级网格按照沿湖县区级行政辖区和省洪泽湖水利工程管理处工程管理范围划分，责任主体分别是省洪泽湖水利工程管理处分管领导和洪泽县、盱眙县、淮阴区、泗洪县、泗阳县、宿城区6个洪泽湖县（区）级湖长。

县（区）级湖长职责：组织协调辖区各部门、各乡镇开展网格化管理工作，落实网格化管理任务，明确相关管理部门工作职责，指导并监督所属湖区网格长开展工作，协调处理网格内重大涉湖问题，依法查处涉湖违法行为，对网格长进行监督考核。

县（区）河湖长制办公室在洪泽湖县（区）湖长、管委会办公室及市河湖长制办公室指导下，开展网格化管理监督考核及日常工作。全面掌握所辖湖区网格化运行状况、网格长及网格员工作状况；执行完成县（区）级湖长、管委会办公室及市河湖长制办公室确定的事项；指导境内洪泽湖网格长、网格员开展工作；协调县（区）相关部门及沿湖乡镇开展洪泽湖网格化管理工作，交办、督办、查办网格化管理中发现问题。

（三）三级网格

在二级网格范围内，三级网格按照乡（镇、街道、场、所）区划及省洪泽湖管理处相关管理所管理范围划分，责任主体是网格长，网格长由乡（镇、街道、场、所）主要负责同志、省洪泽湖水利工程管理处所属涉湖管理所负责同志担任。三级网格划定后，根据圩区水域分布情况和巡查需要，进一步细化基础网格，基础网格的沿岸及圩区必须落实网格员，网格员由县（区）水利部门和省洪泽湖管理处在编在职的人员担任。

网格长职责：负责所辖网格内网格化管理运行，动态掌握所辖网格情况，开展网格巡查，及时处理所管网格内涉湖问题。按照程序及时向本级湖长及河湖长制办公室通报所辖网格情况，完成湖长及县（区）河湖长制办公室交办的工作。

网格员职责：具体负责基础网格内湖泊管理与保护的巡查监督工作；开展所辖网格的日常巡查；对巡查中发现的涉湖违法行为应立即按程序上报并及时制止；完成上级交办的其他工作。

五、网格化管理保障措施

（一）强化信息化建设

进一步加强信息化在网格化管理中的运用，要在现有洪泽湖网格化管理平台基础上，进一步完善管理流程和运作机制，不断优化网格化管理平台建设，动态掌握巡查管理和涉湖违法行为处理情况，实现湖区巡查、监控、网格化日常管理全覆盖。

（二）强化监督考核

沿湖两市要建立健全洪泽湖网格化管理监督考核体系，实行定期考核和通报、总评制度，将网格化管理工作纳入年度考核，实行责任倒查。各级网格长、网格员自觉接受上级监督、内部监督和社会监督，规范网格化管理行为，量化网格化管理绩效，对成绩突出的给予表扬、表彰，未完成目标任务的进行通报、问责，涉及渎职的依法处理。

（三）建立资金保障机制

各级财政均应建立洪泽湖管理与保护网格化管理工作运行经费的保障机制，要将湖泊巡查、案件查处、网格员工资等工作经费纳入同级财政保障范围，逐步建设湖泊管理基地

（站点），完善各类巡查、执法装备和管理设施。

六、实施步骤

（一）网格划定

2018年9月底前，省洪泽湖管理委员会办公室会同两市、六县（区）河湖长制办公室，根据近年网格实际运行状况对已划定的三级网格和基础网格，进行必要的优化调整，并公布。

（二）人员入格

2018年9月底前，各县（区、处）要按照本实施意见要求，明确县级湖长、乡级网格长和网格员人员名单和责任网格区域，并报省洪泽湖管理委员会办公室。10月向社会公布，接受监督。

（三）管理制度建设

2018年12月底前，省洪泽湖管理委员会办公室要在本实施意见的基础上，修订完善《洪泽湖网格化管理巡查细则》《洪泽湖网格化管理分级分类处置方案》《洪泽湖网格化管理考核办法》《洪泽湖网格化管理奖惩指导意见》等制度，并印发执行。

（四）管理培训

2018年12月底前，省洪泽湖管理委员会办公室要组织对网格长和网格员进行湖泊网格化管理技能培训，不断提升网格化运行效能。

第六章

水域岸线空间管控体系

随着我国经济的不断发展，岸线资源被越来越多地开发利用，由于“重建轻管”思想根深蒂固，对岸线资源的有效管理和保护重视不够，水域岸线也随着经济的发展被不断的破坏，规范的水域岸线空间管控体系尚未形成。

为推进河湖水域岸线管护工作，需不断强化河湖水域岸线空间管理。根据相关规定划定岸线功能区，岸线分区管理是实现岸线有效保护、提高岸线利用效率的重要手段，是岸线管理的重要依据；根据土地登记的经验，结合相应的河湖水域岸线法律法规，制定河湖水域岸线登记办法，加强岸线的空间管控，保护好河湖水域岸线资源；完成水利工程的确权划界工作，避免各行业管理部门之间管理权责出现交叉等一系列问题，推进其管理与保护工作，完善水域岸线空间管控体系。

本章依据《全国河道（湖泊）岸线利用管理规划技术细则》，归纳各岸线功能区的管理要求；探讨河湖水域岸线登记工作要点与登记办法；分析河湖管理范围及管理界线的划分方法与注意事项；讨论水利工程确权工作的具体步骤。

第一节　岸线功能区管理要求

岸线分区管理是实现岸线有效保护、提高岸线利用效率的重要手段，是岸线管理的重要依据。岸线各功能区的管理要求如下。

1. 岸线保护区

为保护水生态、珍稀濒危物种及自然人文景观而划定的岸线保护区，除必须建设的防洪工程、河势控制、结合堤防改造加固进行的道路以及不影响防洪的生态保护建设工程外，一般不允许其他岸线开发利用行为。若因经济社会需要，必须建设的重要跨（穿）江设施及为生态环境保护必要的基础设施，必须进行充分论证评价，经水行政主管部门、自然保护区和文物管理的相关部门审查批准后方可实施。

为保护水资源而划分的岸线保护区有三种类型：①地表水功能区划中已被划为保护区的河段；②已开发利用的重要水源地河段，特别是重要饮用水水源地；③重要引调水口门区河段。对这类岸线保护区，在岸线功能区内可建设水资源开发利用的取水口、边滩水库等，禁止建设影响水资源保护的危险品码头、排污口、燃气（煤）电厂排水口、滩涂围垦等。其他建设项目必须经过充分论证，在不影响水质的条件下，可有控制地适当建设。

2. 岸线保留区

在岸线保留区内，除防洪、河势控制及险工治理和水资源利用工程外，规划期内禁止其他岸线利用建设项目。确需建设的国家重点项目，应按照水行政主管部门的要求，提出防洪治理与河势控制方案，经分析论证并经有关部门审批同意后方可实施。

3. 岸线控制利用区

在岸线控制利用区内，应重视和加强岸线利用的指导与控制。对现状开发利用程度已较高，继续大规模开发利用岸线对防洪安全、河势稳定、水资源保护可能产生影响的岸线控制利用区，必须严格控制新增开发利用项目的数量和类型。对存在较大不利影响的岸线利用项目，应结合实际情况进行必要调整。岸线利用项目对防洪安全、河势稳定、河流水生态保护可能造成一定影响的岸线控制利用区，要有针对性地加以控制和引导，根据流域总体的防洪布局以及左右岸、上下游不同的防洪形势，严格控制岸线利用项目对防洪的累积效应。对防洪安全和河势稳定产生一定影响的岸线利用项目，建设单位必须提出相应的处理措施，消除其影响或使影响降低到最低程度，并承担必要的防洪、河势稳定影响补偿责任；在以水资源及水生态保护为目标划定的岸线控制利用区内，要严格控制岸线利用项目的类型及利用方式，严禁建设对水资源及水生态保护有影响的危险品码头、排污口、燃气（煤）电厂排水口及灰场等项目。对于部分划分为岸线控制利用区的江心洲（岛）岸线，要严格执行流域防洪规划确定的防洪标准和实施方案的要求，岸线利用项目不得超标准建设，不得影响主流、支汊的水流动力条件。

4. 岸线开发利用区

岸线开发利用区内，在不影响防洪、航运安全、河势稳定、水生态环境的情况下，根据沿江地区经济社会发展的需要，科学合理地开发利用岸线。

第二节 水域岸线登记

党的十八届三中全会明确提出，要健全自然资源资产产权制度和用途管制制度，对水流、森林等自然生态空间进行统一确权登记，统一行使所有国土空间用途管制职责。

河湖水域岸线登记，是指将河湖水域岸线管理权、河湖水域岸线使用权、依照法律法规规定需要登记的其他河湖水域岸线权利以及岸线功能属性记载于河湖水域岸线登记簿公示的行为。各地要全面开展河湖水域岸线登记、河湖管理范围划定、水利工程确权划界工作，依照法律法规，实行水域岸线统一登记，划定河湖管理范围、水利工程管理和保护范围，明确管理界线，设立界桩、管理和保护标志，促进河湖管理权责明确和有效监管。

一、河湖水域岸线登记工作要点

对河湖水域岸线进行统一登记，加强河湖水域岸线用途管制，形成归属清晰、权责明确、监管有效的河湖水域岸线资源资产产权制度。该项工作的实施将涉及多方面管理方式的转变，实现按照权属进行管理的模式，由粗放式管理向精细化管理转变。坚持依法调查登记的原则，组织开展河湖水域岸线登记工作。

（1）由各县（区）水利主管部门组织开展河湖水域岸线地籍调查，填制权籍调查表册。

（2）由各县（区）人民政府水行政主管部门、国土资源局及乡（镇）人民政府对调查结果、登记附图和相关审批文件等登记内容进行审核。

（3）审核无异议的，将河湖水域登记事项按程序报审后，在各县（区）人民政府门户网站及政务大厅进行公告。

（4）公告期满无异议或者异议不成立的，各县人民政府不动产登记机构将登记事项记载于自然资源登记簿，对权属合法、界址清楚的河湖水域土地使用权登记颁证。

开展逐条河段（湖泊）岸线登记工作，明确管理权属和功能区属性，明确管理单位、责任、要求以及岸线功能属性等；促进水行政主管部门由单纯的工程管理向资源管理、社会管理等全方位管理转变，管住河道、管住湖泊、管住水域岸线，保护好河湖资源。

二、河湖水域岸线登记办法

河湖水域岸线登记包括总登记、变更登记和其他登记。总登记指在一定时间内对辖区内全部岸线或者特定区域内岸线进行的全面登记；变更登记是指因河湖水域岸线权利人发生改变或者因河湖水域岸线权利人姓名或者名称、地址和河湖水域岸线用途、功能区属性等内容发生变更而进行的登记；其他登记包括更正登记、异议登记。河湖水域岸线登记的一般程序为地籍调查、申请登记、权属审核、注册登记、颁发或更换证书。

可参照土地登记的相关经验，制定河湖水域岸线登记办法。总体要求如下：

（1）河湖水域岸线登记实行属地登记原则。申请人应当依照当地河湖水域岸线登记办法向河湖水域岸线所在地的县级以上人民政府相关行政主管部门提出岸线登记申请，依法报县级以上人民政府登记造册，核发河湖水域岸线权利证书。跨县级行政区域的河湖水域岸线，应当报岸线所跨区域各县级以上人民政府分别办理岸线登记。

（2）国家实行河湖水域岸线登记人员持证上岗制度。从事岸线权属审核和登记审查的工作人员，应当取得国务院相关行政主管部门颁发的河湖水域岸线登记上岗证书。

（3）河湖水域岸线应逐个河段（湖泊），按岸线管护范围进行登记。

（4）河湖水域岸线登记应当依照申请进行，法律法规另有规定的除外。

（5）申请人申请河湖水域岸线登记，应当根据不同的登记事项提交下列材料：①河湖水域岸线登记申请书；②申请人身份证明材料；③河湖水域岸线权属来源证明；④地籍调查表、岸线地图及岸线界址坐标；⑤河湖水域岸线上附着物权属证明；⑥其他证明材料。

前款第④项规定的地籍调查表、岸线地图及岸线界址坐标，可以委托有资质的专业技术单位进行地籍调查获得。申请人申请河湖水域岸线登记，应当如实向相关行政主管部门提交有关材料，并对申请材料实质内容的真实性负责。

（6）对当事人提出的河湖水域岸线登记申请，相关行政主管部门应当根据下列情况分别作出处理：

1）申请登记的河湖水域岸线不在本登记辖区的，应当场作出不予受理的决定，并告知申请人向有管辖权的相关行政主管部门申请。

2）申请材料存在可以当场更正的错误的，应允许申请人当场更正。

3）申请材料不齐全或者不符合法定形式的，应当场或者在5日内一次告知申请人需要补正的全部内容。

4）申请材料齐全、符合法定形式，或者申请人按照要求提交全部补正申请材料的，应当受理河湖水域岸线登记申请。

（7）相关行政主管部门受理河湖水域岸线登记申请后，认为必要的，可以就有关登记事项向申请人询问，也可以对申请登记的河湖水域岸线进行实地查看。

（8）相关行政主管部门应当对受理的河湖水域岸线登记申请进行审查，并按照下列规定办理登记手续：

1）根据对河湖水域岸线登记申请的审核结果，填写河湖水域岸线登记簿。

2）根据河湖水域岸线登记簿的相关内容，以权利人为单位填写岸线归户卡。

3）根据河湖水域岸线登记簿的相关内容，以岸线管护范围填写岸线权利证书。相关行政主管部门在办理岸线所有权和岸线使用权登记手续前，应当报经同级人民政府批准。

（9）河湖水域岸线登记簿是岸线权利归属的根据。河湖水域岸线登记簿应当载明下列内容：

1）河湖水域岸线权利人的姓名或者名称、地址。

2）河湖水域岸线的权属性质、使用权类型、取得时间和使用期限、权利以及内容变化情况。

3）河湖水域岸线的坐落、界址、面积、用途和岸线功能区属性。

4）河湖水域岸线上附着物情况。

河湖水域岸线登记簿应当加盖人民政府印章。河湖水域岸线登记簿采用电子介质的，应当每天进行异地备份。岸线权利证书由国务院相关行政主管部门统一监制。

（10）相关行政主管部门应当自受理岸线登记申请之日起20天内，特殊情况需要延期的，经相关行政主管部门负责人批准后，可以延长10天时间。

（11）河湖水域岸线登记形成的文件资料，由相关行政主管部门负责管理。岸线登记申请书、岸线登记审批表、岸线登记归户卡和岸线登记簿的式样，由国务院相关行政主管部门规定。

（12）河湖水域岸线总登记应当发布通告。通告的主要内容包括：①岸线登记区的划分；②岸线登记的期限；③岸线登记的收件地点；④岸线登记申请人应当提交的相关文件材料；⑤需要通告的其他事项。

（13）对符合总登记要求的岸线管护范围，由相关行政主管部门予以公告。公告的主要内容包括：①河湖水域岸线权利人的名称、地址；②准予登记的河湖水域岸线坐落、面积、用途、权属性质、使用权类型、使用期限和岸线功能区属性；③河湖水域岸线权利人及其他利害关系人提出异议的期限、方式和受理机构；④需要公告的其他事项。

（14）公告期满，当事人对河湖水域岸线总登记审核结果无异议或者异议不成立的，由相关行政主管部门报经人民政府批准后办理登记。

（15）河湖水域岸线权利人姓名或名称、地址发生变化的，当事人应当持原岸线权利证书等相关证明材料，申请姓名或者名称、地址变更登记。

（16）河湖水域岸线的用途、功能区属性发生变更的，当事人应当持有关批准文件和原岸线权利证书，申请岸线用途、功能区属性变更登记。

（17）相关行政主管部门发现河湖水域岸线登记簿记载的事项确有错误的，应当报经人民政府批准后进行更正登记，并书面通知当事人在规定期限内办理更换或者注销原岸线权利证书的手续。当事人逾期不办理的，相关行政主管部门报经人民政府批准并公告后，原岸线权利证书废止。更正登记涉及岸线权利归属的，应当对更正登记结果进行公告。

(18) 岸线权利人认为河湖水域岸线登记簿记载的事项错误的，可以持原岸线权利证书和证明登记错误的相关材料，申请更正登记。利害关系人认为河湖水域岸线登记簿记载的事项错误的，可以持岸线权利人书面同意更正的证明文件，申请更正登记。

(19) 河湖水域岸线登记簿记载的权利人不同意更正的，利害关系人可以申请异议登记。对符合异议登记条件的，相关行政主管部门应当将相关事项记载于河湖水域岸线登记簿，并向申请人颁发异议登记证明，同时书面通知河湖水域岸线登记簿记载的岸线权利人。异议登记期间，未经异议登记权利人同意，不得办理岸线权利的变更登记。

(20) 有下列情形之一的，异议登记申请人或者河湖水域岸线登记簿记载的土地权利人可以持相关材料申请注销异议登记：①异议登记申请人在异议登记之日起15天内没有起诉的；②人民法院对异议登记申请人的起诉不予受理的；③人民法院对异议登记申请人的诉讼请求不予支持的。异议登记失效后，原申请人就同一事项再次申请异议登记的，相关行政主管部门不予受理。

(21) 依法登记的河湖水域岸线使用权任何单位和个人不得侵犯。

(22) 县级以上人民政府相关行政主管部门应当加强河湖水域岸线登记结果的信息系统和数据库建设，实现国家和地方河湖水域岸线登记结果的信息共享和异地查询。

(23) 国家实行河湖水域岸线登记资料公开查询制度。河湖水域岸线权利人、利害关系人可以申请查询河湖水域岸线登记资料，相关行政主管部门应当提供。

(24) 当事人伪造河湖水域岸线权利证书的，由县级以上人民政府相关行政主管部门依法没收伪造的河湖水域岸线权利证书；情节严重构成犯罪的，依法追究刑事责任。

(25) 相关行政主管部门工作人员在河湖水域岸线登记工作中玩忽职守、滥用职权、徇私舞弊的，依法给予行政处分；构成犯罪的，依法追究刑事责任。

(26) 河湖水域岸线登记中依照本办法需要公告的，应当在人民政府或者相关行政主管部门的门户网站上进行公告。

(27) 岸线权利证书灭失、遗失的，岸线权利人应当在指定媒体上刊登灭失、遗失声明后，方可申请补发。补发的岸线权利证书应当注明“补发”字样。

第三节 确权划界

水利工程确权划界工作是充分发挥市场配置资源决定性作用和更好发挥政府作用的重要着力点。

应参照湖泊确权划线及土地确权工作的相关经验，大力推进实施河道、水库确权划线工作。依照法律法规，划定河湖管理范围、水利工程管理和保护范围，明确管理界线，设立界桩、管理和保护标志，促进河湖管理权责明确和有效监管。按照“轻重缓急、先易后难、因地制宜”的原则，做好河湖管理和保护范围的界定工作，研究制定符合实际的确权划界实施方案，分类别、分层次，有计划、有步骤地推进工作开展；完善工作制度和机制，制定水利工程管理用地的相关规章制度，探讨建立多边联席议事协商机制，推动问题解决；加大政策法规宣贯力度，创造良好的舆论环境，加大水行政执法力度，妥善处理土地纠纷，为加强河湖管理与保护、维护河湖健康生命，提供重要支撑和保障。

一、管理范围划定

（一）管理范围划定的意义

管理范围是为了保障水利工程的正常运转而确定的范围，在该范围内禁止从事某些特定的活动或从事某些活动必须符合法定条件并通过法定部门的许可。保护范围是为了保护水利工程的安全而确定的范围，在该范围内禁止从事某些特定的活动。管理范围和保护范围明确的是一种行政关系，是相对人从事法定的某些活动是否受到禁止或者是必须获得许可的界限。

管理范围是通过设定行政许可，实现主管部门对在该范围内进行的建设项目等活动进行有效的监管，达到保障工程正常运行的目的。保护范围是通过禁止从事影响水工程运行和危害水工程安全的爆破、打井、采石、取土等活动，保护水利工程的安全。

（二）管理范围划定的现状

水利工程管理范围的划定是一项重要的工作，是水行政主管部门有效管理水工程，依法行政的前提。《中华人民共和国水法》4 处、涉及 4 条，《中华人民共和国防洪法》11 处、涉及 6 条，《中华人民共和国河道管理条例》12 处、涉及 9 条提到水利工程的管理范围。三部法律法规设定的处罚中有 4 条处罚直接以管理范围为执法区域。同时，三部法律法规明确了县级以上人民政府依法划定国家所有的水工程、防汛工程设施、河道工程管理范围的职权，水利工程管理范围的具体划定最终需依靠相应的县级以上政府落实。当前除国有大中型河道及灌区工程外，大部分小型河道及其他水利工程没有划定管理范围。新建水利工程的确权问题及管理范围的划定工作也相对落后于执法实践的需要。因执法范围的不确定，给执法中依据的引用带来障碍，水利工程难以得到应有的保护。

下面以江苏省为例，探讨河湖水域岸线管理的范围。《江苏省水利工程管理条例》规定水利工程的管理范围如下：

（1）河道、湖泊的管理范围。

1）有堤防的河道，其管理范围为两堤防之间的水域、沙洲、滩地（包括可耕地）、行洪区、两岸堤防及护堤地；无堤防的河道，其管理范围为水域、沙洲、滩地及河口两侧 5～10m，或根据历史最高洪水位、设计洪水位确定。挡潮涵闸下游河道的管理范围可以延伸到入海水域，其中无港堤河段的管理范围为港河两侧 1000～2000m。

2）湖泊的管理范围为湖泊的水域、蓄洪区、滞洪区、环湖大堤及护堤地。

（2）流域性主要河、湖堤防的管理范围。

1）洪泽湖：迎水坡由盱眙县老堆头至二河闸段，防浪林台坡脚外 10m；二河闸至码头镇段，以顺堤河为界（含水面）。背水坡有顺堤河的，以顺堤河为界（含水面）；没有顺堤河的，堤脚外 50m。

2）骆马湖：迎水坡有防浪林台的，林台坡脚外 10m；无防浪林台的，堤脚外 30～50m。背水坡东堤至自排河边，南堤至中运河边，西堤堤脚外 40m，北堤至顺堤河边。

3）里运河（含高水河）：背水坡东、西堤堤脚外 30～50m。西堤临湖段有防浪林台的，林台坡脚外 50m；无防浪林台的，堤脚外湖面 100～200m。

4）入江水道：背水坡堤脚外 50m。

5）新沂河：背水坡南堤至沂南小河边，北堤至沂北小河边（漫水地段不得小于

30m)；无沂南、沂北小河的，堤脚外30～50m。

6）苏北灌溉总渠：背水坡北堤有排水渠的，至排水渠边；无排水渠的，堤脚外30m。南堤有顺堤河的，以顺堤河为界（含水面）；无顺堤河的，堤脚外30～50m。

7）中运河、新沭河、总沭河、沂河、邳苍分洪道、不牢河、徐洪河、怀洪新河、望虞河、太浦河：背水坡堤脚外20m。

8）微山湖：迎水坡和背水坡堤脚外各60m。

9）淮沭河：背水坡堤脚外50m。

10）二河：东堤背水坡有顺堤河的，以顺堤河为界（含水面）；无顺堤河的，堤脚外50m。

11）长江：背水坡有顺堤河的，以顺堤河为界（含水面）；没有顺堤河的，堤脚外10～15m。

12）太湖：迎水坡堤脚外20m。背水坡有顺堤河的，以顺堤河为界（含水面）；没有顺堤河的，堤脚外10～15m。

13）通榆河：背水坡堤脚外至截水沟外沟口。

14）海堤：迎水坡堤脚外100～200m；第二道海堤堤脚外20～100m。背水坡有海堤河的，以海堤河为界（含水面）；无海堤河的，堤脚外30～50m。

处于以上河道城镇段的堤防，在采取必要的工程措施、确保防洪安全的前提下，背水堤的管理范围，堤脚外不得少于5m。

（3）大中型涵闸、水库、灌区的管理范围。

1）大型涵闸、抽水站：上下游河道、堤防各500～1000m；左右侧各100～300m。

中型涵闸、抽水站、水电站：上下游河道、堤防各200～500m；左右侧各50～200m。

水利枢纽工程内分别由水利部门和其他部门管理的各类建筑物，凡各自的管理范围已经划分明确的，不再变动；未经划分明确的，在不影响水利工程设施安全管理的前提下，兼顾其他方面的需要，由有关部门根据实际情况具体协商划定，报县级以上人民政府批准。新建工程在批准设计时，应同时明确规定管理范围。

2）大中型水库：设计最高洪水位线以下的库区及大坝背水坡坝脚外100～200m。大坝两端的山头、岗地，可根据安全管理需要，由有关市、县人民政府划定管理范围。

3）十万亩以上灌区：干渠背水坡坡脚外3～5m；支渠背水坡坡脚外1～3m。

（4）其他河道、堤防等水利工程的管理范围以及前（2）、（3）款中水利工程管理范围内有幅度的具体划定，由市、县人民政府根据实际情况作出规定。

（三）管理范围划定应注意的几点问题

虽然法律规定水利工程的管理范围由县级以上人民政府依法划定，但在实践操作中，大量具体的工作都是由各级水行政主管部门来完成，在管理范围的划定工作中，应注意以下几点：

（1）做好与国土资源局的配合协调工作。水利工程的管理范围的划定目的是保护水利工程的安全及正常运转，但其牵扯到土地的征用和对土地使用权的限制，所以水行政主管部门应做好同国土资源主管部门及其他有关部门的配合协调工作。

（2）认真进行实地勘测，确定范围要适度。管理范围对保护水利工程、维护水工程的正常运转极其重要，确定范围过小，不利于工程的管理；管理范围对私人的权利影响也相对较大，范围过大，不利于保护私人的合法权利。为适度地确定管理范围，要认真进行实地勘测，根据水利工程的需要和各自范围的不同作用，在满足工程需要前提下做到最小化。

（3）征收土地或有损害到他人的合法权益时应给与补偿。虽然 1993 年河道集中确权时，对土地没有补偿，但是，随着我国法治进程的加快，私有权利的保护越来越受到重视，2018 年宪法修正案把“公民的合法的私有财产不受侵犯”写进宪法，并明确规定国家为了公共利益的需要，对土地征收、征用时应给予补偿，相关的土地管理法律也作了相应的规定。所以，今后水利工程土地确权工作中应注意做好对私人损失的补偿工作，切实保护好私人的合法权益。

（4）制作完善的资料档案。管理范围的确定涉及面广，关系复杂，工作难度相对较大，且该工作需要为以后水利执法和工程管理提供依据。因此工作中一定要做到程序合法、行为规范、数据精确、资料完善、归档及时，每一程序要留有充分的证据，资料要长期保存，以免以后引起异议，产生纠纷。

（5）确定管理范围的文件要公布。因为管理范围为以后水利执法和工程管理的依据，根据处罚依据公开原则，对违法行为给予行政处罚的规定必须公布，未经公布的，不得作为行政处罚的依据。所以确定管理范围的文件要及时以适当的方式公布。

随着法治政府建设进程的加快和依法治水水平的提高，对水利执法和工程管理工作提出了更高的要求。精确的执法区域、充分的法律依据是水行政机关依法行政的前提。实践中水利工程管理范围划定工作相对滞后的问题日益显现，给水行政执法及工程管理工作带来了难以逾越的障碍。当然，水利工程管理范围划定工作也不是水行政主管部门独自或是在短时间内能完成的，这是一项紧迫性与长期性、必然性与曲折性并存的工作。但是不能因为工作的艰巨性而放弃对进一步完善该项工作做出努力。

二、确权工作

（一）水利工程确权工作

由政府牵头，联合水利、财政、国土、规划等部门，按轻重缓急、先易后难、因地制宜的原则，依据已有规划，完成主要河道以及中、小型水库的划界工作。河湖保护范围纳入土地利用总体规划和城乡总体规划，明确管理界线和要求，设立界桩、管理和保护标志，并由政府向社会公布，保护河湖库形态完整和功能完好。

由政府牵头，联合水利、财政、国土、规划等部门，整编河湖库权属资料，现状土地权属情况，先易后难，落实试点河道的管理范围，未来以骨干河道、重点湖泊、大中型水库红线保护范围的确定为主，率先明确明显无争议的土地的管理范围，逐步建立归属清晰、权责明确、监管有效的河湖水域资源资产产权制度。对属于村镇百姓的土地范围，建立多方协调机制，与河道、湖泊、水库、水利工程周围的镇、街道加强沟通，争取村镇政府支持。

（二）开展水利工程确权工作的具体步骤

（1）组建工作机构，及时研究部署工作。政府成立水利工程确权工作协调领导小组，并设立领导小组办公室，具体负责水利工程确权登记发证的组织、协调、指导等工作。设立相应的工作组，建立工作制度，并从有关单位抽调熟悉水利工程确权工作的专职人员，统一集中办公，认真开展各项准备工作。

（2）制订工作方案和技术规程，加强业务培训。结合实际情况，在广泛征求相关部门意见、组织专家论证的基础上，明确工作机构与组织实施方式，统一技术标准。根据水利工程确权登记发证不同时期的工作重点，先后举办多期培训班，对技术队伍和业务骨干进行培训。

（3）认真编制经费预算，积极协调落实经费。根据相关规定，组织编制水利工程确权工作经费预算方案，落实水利工程确权工作的经费，以确保工作的推进和按计划完成。

（4）不断开展试点，摸索工作经验。通过试点，逐步理清工作思路，探索切实可行的技术路线，为全面开展水利工程确权工作打下良好的基础。

（5）深入调查研究，完善相关政策法规。对水利工程确权工作普遍存在的问题进行认真调研，在全面总结试点工作经验的基础上，结合调研成果，研究提出水利工程确权有关问题的处理意见，为开展水利工程确权工作提供法律依据并完善相关政策法规。

（6）做好宣传工作，营造舆论氛围，对水利工程确权工作进行跟踪报道，紧紧围绕水利工程确权工作的重大意义，有计划、分阶段地开展形式多样的宣传，为水利工程确权工作营造良好的氛围。

（7）充分利用现代技术手段，提高工作效率。依托国土环境资源信息中心和专业测绘队伍等技术单位，积极开展省、市（县）、乡（镇）三级联网的地籍数据库、水利工程管理信息系统和地籍管理系统建设，逐步实现地籍资料与水利工程确权成果管理的数字化、自动化和网络化，为加强水利工程管理提供支撑。

（8）扎实做好对确权工作的监督检查与跟踪指导。在水利工程确权工作开展过程中，积极组织督导，深入一线开展实地巡回检查，落实综合协调、政策指导与检查考核等工作，加强对确权成果质量的检查与整改。自始至终抓质量，邀请有关专家对质量进行把关，确保执行规范标准。每年有针对性出台指导意见，进行专业培训，开展大型检查，使业务人员素质和能力得到较大提高。

第四节 案例分析——以锡澄运河为例

2005 年，江阴市开始全面推进河道长效管理，投入大量人力、财力组织了对市级河道水环境专项整治，并建立了专职长效管理队伍，开展日常巡查、保洁。2007 年，江阴市开始推行河长制管理河道，逐河建立台账，出台《江阴市河长制工作考核办法》，编制河道管理整治方案，实行“一河一策”管理模式。

一、功能区划定

根据江阴市锡澄运河的现状和演变规律，综合协调航道规划、城市发展规划、环境保护规划以及沿河地区经济和社会发展的要求，分析岸线利用对河势稳定、防洪安全与建设、生态环境及其他方划定岸线利用控制界线和管理范围面的影响，科学规划岸线利用功能分区。

二、水域岸线登记

江阴市全面实行河长制管理河道，但这只是对水面的管理，缺乏对岸线利用的管理，造成现状城镇建设区，特别是工业区内河道岸线通常被沿线用地所占领，河道保护空间缺失；农村地段河道岸线未经整治，水土流失情况严重，这些都不利于市域生态环境修复和城市空间景观的营造，亟须从空间上来落实对水系的保护和控制。

锡澄运河作为《江阴市水资源综合规划（2011—2030）》中划定的江阴市的饮用水源地（包括应急水源地）及18条骨干河道中的重要水域之一，为保障供水安全与防洪安全、维系良好的生态环境、保证河道的航运功能、落实水域岸线用途管制，应全面开展河湖水域岸线登记工作，制定河湖水域岸线登记办法，逐河段登记明确管理权属和功能属性，保障水域岸线登记工作统一标准、统一平台、统一发证，使每一处岸线和水域的所有权、使用权能够得到明确，在此前提下，明确所有人主体的保护责任，实行确权。

三、划界确权

根据江阴市2015年编制的《江阴市河道管理范围和水利工程管理与保护范围划定工作实施方案》，锡澄运河作为列入省骨干河道名录的18条河道、定波北闸和定波闸作为江港堤闸管理处管辖的涵闸泵站之一，纳入江阴市河湖工程管理范围划定工作。

根据《江阴市河道管理范围和水利工程管理与保护范围划定工作实施方案》，对河道只划界不确权，按照法律法规和管理要求，明确18条列入省骨干河道名录的河道的管理与保护范围划界标准，在河道管理范围线、水利工程管理范围线（背水侧）设立界桩，并将河道管理范围线、水利工程管理与保护范围线电子矢量化，形成基础数据库。

根据《江阴市河道管理范围和水利工程管理与保护范围划定工作实施方案》，锡澄运河按照《江阴市水资源综合规划》《江阴市水系规划》中的设计断面，确定河道的管理范围线。锡澄运河河道管理范围线划定标准见表6-1。

表6-1 锡澄运河河道管理范围线划定标准

河道名称	河道类别	河道等级	堤（岸）别	起止地点	河道管理范围线		城市段河道管理范围线	
					长度/km	距河口距离/m	长度/km	距河口距离/m
锡澄运河	重要跨县	5	左	青阳镇泗河口村塘河至澄江街道黄田港口长江	24.99	10	5.01	5
			右		24.99	10	5.01	5

（一）河道管理范围

根据《江阴市蓝线规划（2014—2030）》和《江阴市河道管理范围和水利工程管理与保护范围划定工作实施方案》，对锡澄运河进行河道蓝线划定，划定标准为：按现状河口以外10m范围划定管理范围。

江阴市已于2016年组织开展锡澄运河河道的管理范围划定工作，现已基本完成，共设置79块界牌、556个界桩，并向社会公布。

河道管理范围内属于国家所有的土地，除已经县级以上人民政府批准由其他单位或个人使用的外，由水行政主管部门使用，并按照河道及其配套工程用地性质办理土地权属登记手续。属于集体所有的土地，其所有权和使用权不变，但土地的使用应当服从河道管理单位的监督，不得从事影响河道功能和损害河道及其配套工程的各类活动。

（二）河道保护范围

对于河道保护范围，参照《堤防工程设计规范》（GB 50286—2013）及《堤防工程管理设计规范》（SL 171—1996），按堤防等级确定其保护范围，见表 6－2。

表 6－2　堤防工程保护范围数值表

工程级别	1	2、3	4、5
保护范围的宽度/m	200～300	100～200	50～100

依据《锡澄运河扩大北排工程项目建议书》，锡澄运河堤防等级为 2 级，保护范围确定为 100m，保护范围从河道管理范围线计起，往外 100m 范围划定为河道保护范围。

（三）河道基础设施管护

河道的基础设施主要包括河道管理范围内闸、站、涵、坝、堤观测设施、防汛设施、自动控制（监控）设施、水文设施、管理用房、生活设施、执法基地等。从锡澄运河现状管理范围来看，涉及的河道基础设施主要有定波北闸及定波闸、江边定波水利枢纽（待建）以及锡澄运河两侧堤防及相关防汛设施。

1. 定波北闸及定波闸

定波北闸及定波闸位于澄江街道锡澄运河上，工程具有防洪、排涝、引水、通航、调节内河水质等功能，管理单位是江阴市江港堤闸管理处。根据《江阴市河道管理范围和水利工程管理与保护范围划定工作实施方案》，对定波北闸及定波闸进行管理范围划定、确权及地籍信息化。

依据《江苏省水利工程管理条例》第六条及《无锡市水利工程管理办法》第八条规定，并根据定波北闸及定波闸工程等级，确定定波北闸及定波闸管理范围线划界标准见表 6－3。

表 6－3　定波北闸及定波闸管理范围线划界标准

工程名称	工程等级	管理范围线划界标准	
		应划界闸站上游/下游长/m	应划界闸站左岸/右岸宽/m
定波北闸及定波闸	中型水闸（涵、船闸）	500/200	132/54

注　涵闸泵站上游/下游管理范围线以闸站闸门为起点，左岸/右岸管理范围线划界以建筑物中心线为准。

2. 江边定波水利枢纽（待建）

江边定波水利枢纽的划界确权工作将与工程建设同步实施完成。

3. 堤防

锡澄运河（黄昌河—长江河段）沿河护岸参照堤防 3 级标准进行设防。管理范围根据河道蓝线管护，确定为 10m；堤防保护范围为 100m。禁止侵占和毁坏堤防、护岸、涵闸、泵站、水利工程管理用房、水文、水质监测站房设备和工程监测等河道配套设施设备。占用或者拆除河道配套设施设备的，应当经产权人或者管理人同意，并按照有关规定进行移建、改建或者补偿，其费用由占用或者拆除单位承担。

上述案例表明，江阴市全面贯彻落实“河长制”和水利部关于加强河湖管理工作的指导意见，强化了河湖水域岸线管护，落实了河湖水域岸线管理保护地方主体责任，推进了功能区划定、水域岸线登记、确权划界等工作的开展，强化了河湖水域岸线空间管控，推进了河湖水域岸线管护工作，对维护岸线健康生命和岸线公共安全，提升河湖水域岸线综合功能具有重要意义。

第七章

河湖巡查与执法制度

我国河湖众多，水系复杂，由于河湖水域岸线长、人员配置少、执法装备差等原因，多数违法行为未能及时有效发现和处理，非法围湖填河、侵占水域岸线、采砂取土、非法建设、擅自取水、偷排污染等人为侵害河湖行为频发，这是当前河湖水域岸线管理与保护面临的突出问题。

为推进河湖水域岸线管护工作，需不断加强巡查监督，建立河湖日常巡查责任制，强化对河湖水域岸线的监测。运用水质站网监测、水利“3S”技术监测和无人机监测等动态监测系统和网格化管理机制等手段强化河湖监控，依法查处非法侵占水域岸线、非法采砂等行为；健全部门联动执法机制，建立完善依法、科学、民主的水行政执法体系，切实把河湖水域岸线管理与保护工作落到实处。

第一节 河湖巡查机制

一、河湖巡查内容

开展河湖巡查工作对保障河湖功能的有效发挥、减少人类行为与自然界作用对河湖的侵害、维系河湖健康生命、及时掌握河湖相关情况等具有重要作用。各市县水利部门和各省属水利工程管理处，特别是所属执法队伍要高度重视河湖巡查监督工作，落实河湖管理单位的巡查责任、巡查人员、巡查制度和巡查方案。各相关市水利（务）局在巡查过程中要及时制止并处理非法圈圩、非法取水、非法设置排污口、非法取土和采砂等违法行为，并报告巡查工作组织。

河湖巡查应当包含以下内容：

（1）未经审查同意或违反审批意见，在河道管理范围内修建拦河、跨河、穿河、临河的桥梁、道路、渡口、管线、缆线等建筑物、构筑物。

（2）未经审批同意或不按审批规定的范围和作业方式在河道管理范围内采砂、取土、采玉等。

（3）未经许可在河道管理范围内打井、扒口、架泵或堵坝等修建永久或临时设施擅自取水的行为。

（4）在河道管理范围内弃置、堆放阻碍行洪的物体，种植阻碍行洪的林木及高秆作物，围垦河道或围湖造地。

（5）侵占、毁坏水工程及堤防、护岸等有关设施，毁坏防汛、水文监测设施的行为。

(6) 在水工程安全保护范围内，从事爆破、打井、挖塘、采砂、采石、取土等影响水工程运行和危害水工程安全的活动。

(7) 未经批准，擅自新建、改建或扩大排污口。

(8) 在河道管理和保护范围内开垦荒地，破坏生态植被的。

(9) 未经批准在河道管理范围内建设旅游设施，从事旅游开发和养殖活动的或者超出设定的水域从事旅游开发和养殖活动的。

(10) 法律、法规和规章规定禁止的其他行为。

二、河湖巡查方法

河湖巡查应采用日常巡查、遥感监测、公众举报等途径发现河湖库管理范围内涉嫌涉水违法建设事件，推进河湖治理与保护，实现辖区内所有河流、湖泊、水库“河长制”全覆盖。

(一) 日常巡查

加强日常巡查是河湖水域岸线管理的重要工作，要建立河湖日常巡查责任制，确保日常巡查责任到位、人员到位，将沿堤岸线巡视与水面巡视相结合，加大重要河湖、重点河段和重要时段的巡查密度和力度，及时发现、制止和查处各类污染河湖水质、破坏水环境和侵占水域岸线等河湖违法违规行为和工程隐患，不能有效处理的违法行为应逐级上报。

各级水行政主管部门负责辖区内河湖日常巡查工作的指导、监督和检查，各河湖管理单位负责所辖河湖日常巡查工作的组织和实施。可将河湖日常巡查管理与水政执法巡查、河道堤防工程检查和防汛巡查、河道保洁、工程养护工作等结合开展。对巡查中发现的较为严重的影响河湖容貌和河湖工程安全的违法行为和现象，应及时制止或报告本级河湖管理部门，由河湖管理部门按照职责分工，通知相关责任单位及时进行处置。

河湖日常巡查以水政执法巡查为主，并制定年度方案和月度计划。安排专人严格按照法定权限和程序对河湖展开巡查，对河湖健康有重大影响的，应加大巡查频次和力度。巡查人员应及时填写河湖巡查登记表，按时逐级上报巡查情况。

(二) 河湖动态监测系统

我国江河湖泊众多，但目前河湖管理的监管手段，基本采用传统的人工巡查方式。受制于河湖水域岸线长、人员配置少、执法装备差等因素，多数违法行为未能及时有效发现和处理，违法围垦湖泊、挤占河道、蚕食水域、滥采河砂等河湖违法行为频发，威胁到防洪安全、供水安全和生态安全。开展河湖动态监控，是落实中央生态文明建设要求、提升河湖管理能力和水平的重要措施。

为了加强对重点河湖、水域岸线的动态监测，必须注重传统监测技术与新型技术的结合运用。

1. 水质监测站网

水质监测站网是开展水质监测工作的基础。我国自1974年开始筹建水质监测化验室，截至2018年，水利系统已建成2050个地表水水质考核断面，16120个地表水水质监测站点，5100个地下水水质监测点。水质自动监测技术在我国地表水监测中也已得到了广泛的应用，环境保护部已在我国重要河流的干支流、重要支流汇入口及河流入海口、重要湖库湖体及环湖河流、国界河流及出入境河流、重大水利工程项目等断面上建设了100个水质自动监测站，监控包括七大水系在内的63条河流、13座湖库的水质状况。

水质监测站网的布设多采用划区设站法，即首先根据水质状况划分若干个自然区域；其次，按人类活动影响程度划分次级区；最后，按影响类别进一步划出类型区。每个区域设站的数目要根据该区域面积大小、水资源的实际价值以及设站的难易程度来确定。各类型区设站的具体数目要考虑区域的特殊性、重要性、地区大小、污染特征、污染影响等因素。

2. 水利“3S”技术监测

“3S”即RS遥感系统、GPS全球卫星定位系统、GIS地理信息系统。“3S”技术在水利行业中得到了广泛应用，包括对洪灾和旱灾的监测与评估；流域土壤侵蚀和水土保持；水库、湖泊、河口水下地形测量；泥石流预报、干旱地区水资源分析、水库移民环境容量分析以及水利工程的环境影响评价；河道、海岸演变分析等。

遥感（RS）可以理解为遥远的感知，一切无接触的远距离探测都可以称为遥感，如使用人造卫星、气球、飞机拍摄成像等。例如，比对不同时间洪泽湖的遥感照片，可发现如今湖的轮廓和过去的不同之处，从而决定该退圩还湖多少，或清障的范围等；还可用来比对太湖蓝藻暴发和得到控制后的湖面遥感图像等。

全球卫星定位系统（GPS）是利用GPS定位卫星，在全球范围内进行实时定位、导航的系统。

地理信息系统（GIS）是在计算机硬、软件系统支持下，对整个或部分地球表层（包括大气层）空间中的有关地理分布数据进行采集、储存、管理、运算、分析、显示和描述的技术系统。例如，一个地理信息系统能使应急计划者在自然灾害的情况下较容易地计算出应急反应时间，或利用GIS系统来发现需要保护不受污染的湿地。

积极运用遥感、空间定位、卫星航片、视频监控等现代化科技手段，对重点河湖、水域岸线、河道采砂、河道沿岸水利工程和建筑变化进行动态监控。开展遥感预警监测，通过每月多次的全河段（湖泊）遥感监测，及时发现疑似违规项目，实现执法关口前移，防患于未然。配合实地调查资料，对遥感监测显示的各类变化点，及时反应，全面核实。通过现场核实、拍照、标号、统计、制表，并在卫星图片上进行标识和归类，对遥感监测结果进一步核实后，及时上报给有关部门。

针对河湖管理范围大、战线长、任务繁重，执法力量不足的问题，将遥感监控配合日常巡查，发挥出更大的作用。加强GIS巡查管理系统建设，并利用移动遥感和通信技术，建立移动监控执法巡查系统，增强上下级沟通，实现远程异地执法会商，把违规违法水事件化解在萌发阶段，使执法关口前移，减少违规事件发生。在此基础上，建立河湖管理动态监控信息公开制度，对违法违规项目信息及整改情况依法予以公布。

加强人员培训考核，完善监控设施装备。引进专业人才，加强人员培训。组织遥感监测技术人员进行相关专业知识的培训，加强业务指导，定期考核专业技能，举办技能评比大赛，激励河湖监控水平提升。加大资金投入，根据河湖管理的需要，从重点河湖开始，逐步构建全面覆盖的遥感监测网络；提升装备水平，购置无人机等先进的监控设备，加大监测频次，提升遥感监控能力，确保遥感监测的常态化和动态化。

3. 无人机监测

无人机系统具有安全稳定、使用便捷的优点，可使测量成果的精度误差缩小至 5cm。它可以克服天气等诸多不利因素，开展测绘工作。除在河湖资源管理中可发挥重要作用外，还可广泛应用于灾害应急快速响应、河湖资源开发利用监测、水系的带状测图及基础测绘和区域土地规划等领域。

通过动态监测，发现违法违规行为，通过查处、警示，维护河道的健康生命，是河湖巡查、水政执法的基本任务。运用信息化网络和监管业务软件，将巡查信息及时录入数据库，实现巡查信息的及时共享，充分发挥河湖巡查的作用，切实实现工作日常监管上下联动、部门联动，共享巡查过程中发现的问题及解决方案和经验，共同提高执法水平和河湖管理效率。

同时，在动态管理信息系统的辅助下，还可建立起“监察预警”的管理模式，利用信息系统对河湖管理中需要注意的管理事项实现“预警”功能，把管理重点由事后的查处逐步转移到事前防范与提醒，真正做到“防查结合，以防为主”的主动监管，实现事前防范、事中监督和事后查处的全程式管理，为巡查责任制的落实打下坚实可靠的保障基础。

建立在信息化基础上的河湖动态巡查监测管理，实际上是按照标准的流程对巡查进行管理，巡查前认真制定巡查计划，巡查时将巡查信息记录及时录入检查模块，使整个巡查工作以及成果都能够通过巡查管理模块进行管理，使得巡查中的信息得以及时传递。及时地沟通信息，发现存在的隐患或倾向，以便采取必要的防范措施，纠正违法违规行为。运用巡查管理模块，实现巡查流程化、基层执法规范化，实现河湖巡查的动态监管，形成属地监管和办公室综合监管模式，为及时有效的日常管理创造条件，从而建立上下联动、条块联动、动态更新、实时监控的立体监管机制。

（三）公众举报

公众广泛参与河湖保护与管理是确保治理成效、维护河湖健康的关键所在。公众参与河湖保护与管理，既能巩固河湖治理成果，又能增强公众生态文明意识。河湖日常管护中的群众参与，除了无偿承担某些河段或房前屋后水体的清洁维护、志愿开展河湖保洁及河湖巡查等，还可以通过举报涉河涉湖违法行为来保护河湖。

公众举报主要有以下几种方式：①通过监督电话、手机 APP 或网络举报平台直接举报涉河湖违法违规事项；②通过各种新闻媒体曝光涉河湖违法违规事项；③通过各种渠道反映在河湖治理、保护中的失职渎职行为；④提起涉河湖污染和生态破坏的公益诉讼。广泛的公众监督能更有效地发现并促进涉河湖问题解决，提高工作效率。

第二节 河湖执法机制

一、违法事件处理

对于河湖巡查中发现的水事违法行为，应依照有关法律、法规规定及时处理。对于比较轻微的水事违法行为，现场予以制止清理，将违法行为制止在萌芽状态；对于符合立案条件的水事违法行为立即立案查处，严格按照相关规定履行水事违法案件的查处程序，实施行政处罚或采取行政强制执行；对于重大涉河案件应当逐级上报，进行处理。河湖巡查过程中发现其他对河流水质、河道湖泊造成污染和破坏且执法权限不在水利部门的，可将有关线索依职责权限移交有关部门处理并备案。对于涉嫌刑事违法的行为，及时向公安部门移送符合入刑标准违法案件。

水行政联合执法是由一个部门牵头、其他部门参与，统一执法，根据相应的程序分部门处理。河湖联合执法长效机制在打击非法采砂、禁采河道专项整治及涉河建设项目查处等工作上取得了显著成效，对查处河湖违法行为发挥了不可替代的作用。

二、水行政联合执法机制

水行政综合执法机制是涉水行政主管部门执法体制的改革，是将由多个涉水行政主体或者一个行政主体的多个内设机构分别行使的执法职权整合到一个专门的行政主体或者其内设机构集中行使的行政执法制度。

水行政联合执法机制是加大河湖管理保护监管力度，建立健全部门联合执法机制，完善行政执法与刑事司法衔接机制的有效手段。

水行政联合执法不同于水行政综合执法，水行政联合执法是由一个部门牵头、其他部门参与，统一执法，根据相应的程序分部门处理。

（一）水行政联合执法机制的建立

由于水资源具有可流动性、流域性、时空分布不均衡性、多功能性、利害两重性等特点，进行河湖管理时，应当做到全面规划、统筹兼顾、标本兼治、综合利用、讲求效益，从而行之有效地开展工作。而建立水行政联合执法机制是有效途径之一，探索建立水行政执法的横向结合和纵向整合机制，能够进一步提高水行政执法能力，加强河湖执法工作力度。

1. 建立水行政联合执法内部运行机制

水行政主管部门不但要服从上级水行政主管部门的管理，还要接受本级地方人民政府的管理。有些本级水行政执法机构难以解决的问题，必须要上一级水行政执法机构才能将案件进行彻查，所以水行政执法机构应建立一套上下级协调的纵向联合执法长效机制。

（1）定期开展联合执法的长效机制。省市的水行政执法机构可根据本行政区域内的实际情况，建立各行政区域内省市县水行政执法机构参加的联合执法长效机制。由上一级水行政主管部门制定统一行动的实施方案，在统一实施方案中规定各参与行动的单位和人员、参与时间、执法内容、执法行政区域范围以及执法的目标。如每年在防汛期间开展“汛前、汛后联合巡查”，通过这样省市县水行政执法机构的联合巡查，能够发现和查处一大批水事违法行为和水事违法案件，同时还能集中解决河湖管理中长期存在的遗留问题和安全隐患。对于暂时解决不了的问题和安全隐患，可以形成资料随时备查，并在以后的工作中加以解决。联合巡查从形式上强化了综合执法，督促了下级水行政执法机构进行执法巡查，及时发现水事违法行为，督查督办重大水事件，降低水行政执法成本，减小执法难度。

（2）专项执法的联合运行机制。各级水行政执法机构长期存在的类似的执法难点问题，可由上一级水行政执法机构组织开展专项执法联合运行机制。如《江苏省水利工程管理条例》中明确规定，未经许可禁止在洪泽湖和淮河内采砂，但违法分子在利益的驱使下，冒险在洪泽湖和淮河内违法采砂，并屡禁不止，这成为各相关水行政执法机构的难点问题。由于执法范围涉及淮安市和宿迁市两个主管部门，所以应由江苏省水政监察总队组织下级水行政执法机构开展专项联合执法行动，打击水事违法行为。建立省市县水行政联合执法长效机制，有利于从大局考虑，利用各方面的优势条件，最合理地调度执法人员和执法装备，联合执法能够解决各级地方水行政执法机构在执法中存在的难点问题。

2. 建立水行政联合执法外部运行机制

水行政联合执法外部运行机制是指建立水行政执法机构与地方政府有关部门联合开展水行政执法活动的横向联合运行机制。

河湖监察机构相对分散，导致各基层单位水行政联合执法队伍力量薄弱。面对复杂的执法形势，必然需要一定范围内的联合行动，才能保证执法力度。受水行政执法强制执行能力较弱的影响，加之地方保护主义的干扰，水行政联合执法的震慑力严重不足，极大地弱化了水行政联合执法的效力。因此，争取地方相关部门的支持，对部分影响较大的专项水事违法案件进行查处，是开展水行政联合执法的重要组成部分。

首先，应充分认识到水利部门与公安部门联合执法工作的重要性，树立合作意识。为了加大水利执法力度，提高河湖水行政执法工作水平，水行政执法机构应该紧密联合当地公安机构，相互配合、相互协调，共同肩负起保护当地水利工程、维护合法水事秩序的重任。水行政执法机构和公安机构应强化执法联动，开展统一行动，联合执法，集中解决群众反映强烈的重大水事违法案件。有条件的地区，公安部门可以设水利分局或水利治安办公室。

其次，应加强与地方法院的关系，取得其大力支持和积极配合，使一些复杂、难办的重大水事违法案件受到查处，彻底解决重大水事违法案件查处难的问题，给违法犯罪分子以强有力的震慑，维护河湖水行政执法的尊严。

再次，积极推进河湖水行政执法和刑事司法衔接。根据《中华人民共和国刑法》和《中华人民共和国治安管理处罚法》等法律的相关规定，与公安、检察部门共同研究制定涉嫌犯罪水事违法案件的移送标准、证据标准和立案标准，统一检验、鉴定等工作程序和方法。对案情重大、复杂、性质难以认定的案件，应及时向公安、检察部门通报咨询，逐步形成顺畅高效的行政执法与刑事司法衔接机制。

最后，水行政联合执法队伍的素质关系到执法的效果和质量。传统队伍素质建设大多局限于办培训班、学习班，在提高法律知识理论方面起到了良好的作用，但缺乏实际执法操作、应对突发事件等方面的锻炼。开展经常性的水行政联合执法活动，一方面在执法实践中增加了河湖执法人员相互间的交流沟通，在实践中互通有无，提高执法技能水平；另一方面，加强了同地方有关部门执法人员的联系，为增进经验、密切沟通提供了有效的载体。

遇到重大水事违法案件，水行政执法机构将不再单独执法，水行政执法机构将与公安机关以及其他单位组成联合执法共同体，并形成一整套的运行机制。水行政执法机构在对部分影响较大的专项水事违法案件进行查处时要争取得到地方公安机关、法院等多部门的支持，才能开展联合执法行动，这种横向的联合为水行政执法工作开辟了新的局面。水行政执法人员在同地方公安机关、法院等部门进行共同执法时，通过相互交流，学习对方的执法经验，有助于更好地开展水行政执法工作。

建立水行政联合执法机制，有利于从全局出发，及时调度、整合水行政执法人员、装备、车辆等，形成合力，及时解决各地水行政执法中的难点问题。对违法性质恶劣、涉及面广、影响较大的事件，采取水行政联合执法的方式，重点查处、重点突破、以点带面，严厉打击各类水事违法活动，推动水行政联合执法工作的健康发展。

（二）"河（湖）长制"的实行对水行政联合执法的意义

河（湖）长制不仅最大限度地整合了五级（省、市、县、乡、村）党政机关执行力，也让以行政一把手为中心的地方政府成为了水环境治理的负责部门，使得"九龙治水"困局迎刃而解。各职能部门可以通过整合共同调查此类案件，若无共同上级指派，仅通过平级执法部门间相互联络，很可能出现以下两种情况：一是各部门因各自事务牵扯，无法准确确定共同执法时间；二是因所处理事项涉及多个职能部门，各部门在确定主要负责人时不免相互推诿，容易陷入死循环，对办理案件造成不利影响。

河（湖）长制的建立明确了河湖责任主体，细化了管理责任，由各级政府牵头，多部门参与，集中行使行政职权，从涉水执法实践来看，极大地提升了行政效能。多部门联合执法，使得案件重视程度和办结速度显著提升。因此，对于"人治"的忧虑，可以通过完善各部门工作协商制度、完善管理责任制度、完善考核工作制度等方式予以解决。

第三节　河湖巡查信息化管理

河湖管理工作政策性强，难度大，缺乏准确的数据资料是困扰河湖库管理的主要难题。我国河湖众多，水系复杂，为系统掌控江河湖泊开发治理保护状况，满足河湖管理工作需求，需通过加强巡查监控，强化对河湖、河道岸线等的监测，为河湖管理提供技术支撑和管理依据。

传统的河湖巡查模式存在工作数据量大、工作效率低、巡查人员是否按照既定的时间和路线完成巡查任务在巡查记录中无法体现、巡检发现的问题得不到及时处理等问题。鉴于以上问题，加强河湖巡查管理信息化建设非常必要。针对河湖管理范围大、战线长、任务繁重等特点，逐步建立视频监控、遥感监测、GPS定位等信息化管理手段，及时发现涉水违法行为，减少违规事件发生。

河湖巡查平台既可以直观地查看监控目标数据，也可以查询各种属性信息，并整合业务信息进行分析，有效地服务于河湖巡查巡视工作。河湖巡查管理平台一方面可以整合各级巡查工作，使之成为互相联系的整体；另一方面可以提供直观、快捷的操作界面，提高河湖巡查巡视的工作效率。

下面以天津市河道巡查巡视管理系统为例，探讨河湖巡查管理平台的建设。天津市河湖巡查平台分为应用层、支撑层、数据层和网络发布服务四个部分。平台的总体结构见图7-1。

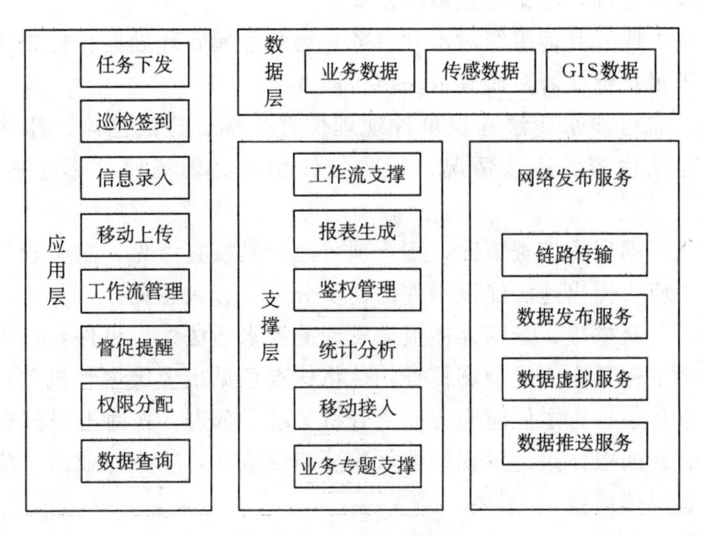

图7-1 平台总体结构

(1) 应用层。应用层主要包括任务下发、巡检签到、信息录入、移动上传、工作流管理、督促提醒、权限分配、数据查询等功能，从支撑层调用相关的API，结合各个部门的需求提供定制化的应用服务。

(2) 支撑层。支撑层主要包括工作流支撑、报表生成、鉴权管理、统计分析、移动接入、业务专题支撑等功能，提供通用化的API，供应用层调用。

(3) 数据层。数据层主要包括业务数据、传感数据和GIS数据，通过对基础数据的接入、调用、归档存储，可以在系统中实现对各类数据的科学管理和统筹规划。

(4) 网络发布服务。网络发布服务主要包括链路传输、数据发布服务、数据虚拟服务、数据推送服务。网络发布服务提供系统传输的链路和通道，为平台与其他已有信息系统的互联互通提供了接口，使得系统具备信息发布和信息推送的能力。

该平台可以提高河道管理工作的信息化水平，创新工作的方式与方法，有效减少巡查工作中巡检工作监督困难、巡检问题上报不及时、问题描述及处置不合理、处置流程复杂、各部门沟通不顺畅等情况的发生，对行洪河道工程管理、水环境管理、水政监察管理、防汛调度管理等工作具有重要的意义和价值。

第四节 案例分析——江苏省河湖巡查管理机制

江苏省位于长江与淮河的下游地区，区域内水系众多，河网密布，且经济发达，涉水工程种类多、数量大，导致涉水违法事件繁杂，缺乏统一管理标准，使得河湖巡查执法难度大、效率低。为应对这一局面，江苏省水行政主管部门建立了包括事件核查、事件处理与事件验收三项流程的河湖巡查管理机制。

一、事件核查

经日常巡查、遥感监测、公众举报等途径发现的河湖库管理范围内涉水违法建设事件，巡查人员应及时处理，尽量终止事件发展。

有关公民、法人或者其他组织对水利（务）局和厅属管理处监督检查人员的核查工作应当给予配合，不得拒绝或者阻碍其依法执行职务。

现场核查时，需对涉水违法建设事件地理位置坐标、违法主体、违法时间、违法性质、违法规模、违法内容、违法情况、行政处罚情况、现场照片影像等情况进行全面核查。

核查主体应当根据现场核查情况，逐个项目地出具核查意见。对于确认的违法建设项目，在核查意见中应当提出违法建设事件的初步分类、分级意见。

经日常巡查、公众举报、新闻媒体报道发现的涉水违法建设事件，核查主体应当在接到相关线索后5个工作日内完成现场核查，并将核查意见报上级主管机关；遥感监测发现的涉水违法建设事件，核查主体应当按照主管机关统一部署，按时上报核查意见。

经公众举报、新闻媒体报道发现的涉水违法建设事件，核查完成后，应当适时将核查情况向相对人或者媒体通报。

二、事件处理

省管河湖库管理范围内涉水违法建设事件，根据建设内容分为码头、桥梁、管线、圈圩、堆场、渡口、港口、取水口、排水口、涵（闸）站、隧道、房屋建筑、光伏发电场（站）、风力发电场（站）等类型；根据危害程度、违法性质的严重性等因素，分为特大、大型、中型、小型4个级别。

主管机关建立违法建设事件数据库，定期对各核查主体上报的违法建设事件组织会商，对核查意见逐个审核，分类、分级、编号后统一入库。入库违法建设事件应提交位置坐标、现场照片影像、违法情况概述等信息资料。

主管机关定期将定性为“特大、大型、中型”的违法建设事件录入省管湖泊巡查月报或省管河道、水库半年报中予以通报。巡查月报或半年报报送应包括：省政府办公厅、相关河长、相关地方政府领导同志及有关部门等。

主管机关将定期组织相关处室、单位对入库的违法项目逐个进行分析，并提出处理意见，明确查处责任主体、督查主体、查处时限、验收标准、验收主体等相关内容。主管机关将处理意见反馈相关查处责任主体，相关责任主体应当按照处理意见，在规定的时间内，依法依规进行处理。

三、事件验收

按照整改意见处置完毕的违法建设事件，查处责任主体可向验收主体申请验收。定性为特大型或者省级督办的违法事件，由主管机关负责组织验收。

相关责任主体在申请验收前，应当准备好验收材料。验收申请材料一般应包括：水行政执法查处材料、原整改意见、整改前后对比影像、整改过程报告等，涉及地形变化的项目还应当提供有资质单位出具的测量报告，需补办行政许可手续或审批手续的，应当提供有管辖权的水利（务）局出具的许可文件和审批文件，以及主管需要的其他材料。具体河湖巡查管理违法事件处理的流程见图7-2。

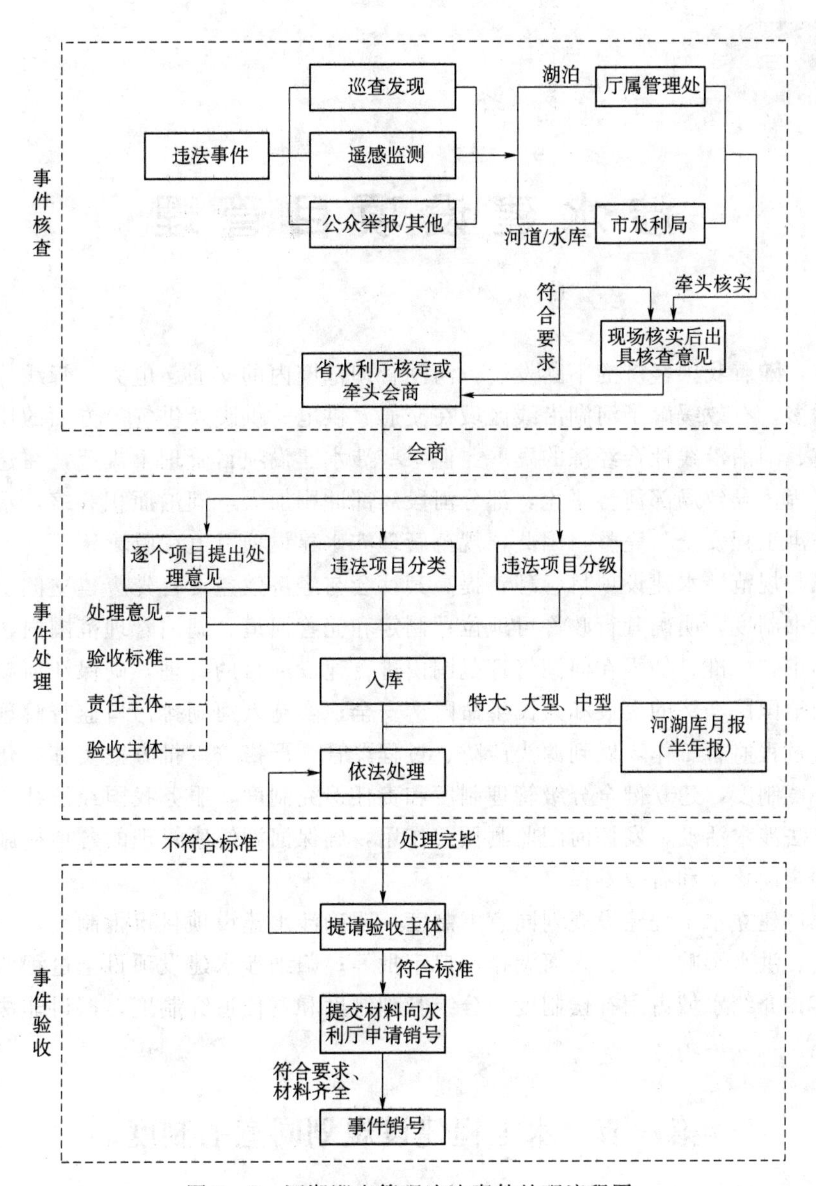

图 7-2 河湖巡查管理违法事件处理流程图

第八章

涉水建设项目管理

近年来，随着我国经济的不断发展，河湖管理范围内的交通、电力、管线等涉水建设项目不断增多，有效缓解了河湖沿线区域在交通、供电、供暖及供气等方面的压力，有力促进了河道、湖泊沿线社会经济的发展。但一些涉水建设项目管理不规范，在建设过程中损毁防洪工程，导致局部河势恶化，部分河段局部冲刷加大，湖泊面积萎缩，水域空间减少，危及防洪工程安全与完整。因此，规范管理涉水建设项目迫在眉睫。

要加强与规范涉水建设项目管理，提高其社会与经济效益，首先应建立健全水工程建设规划同意书制度，明确其行政许可地位；制定和完善河道、湖泊管理范围内建设项目工程建设方案审查标准；加强在河湖管理范围内进行建设项目的管理，确保江河湖泊防洪安全，保障当地国民经济的发展和人民生命财产安全；实施入河湖排污口监督管理；强化涉水建设项目过程监管工作，做到源头严防、过程严管，严格按审批方案实施；建立落实好占用水域补偿制度，建立健全分级管理制度和责任追究制度，服务我国经济社会的健康发展；整治非法涉水活动，发挥河湖监测预警作用，确保河湖健康管理的各项措施在日常的工作中得到全面落实和有效发挥。

本章探讨建立水工程建设规划同意书制度；明确涉水建设项目审批制度，包括涉水建设项目审查、洪水影响评价、入河湖排污口审批等；归纳涉水建设项目全过程监管的要点与主要内容；介绍水域占用补偿制度、分级管理制度和责任追究制度，探讨非法涉水活动的整治措施。

第一节　水工程建设规划同意书制度

一、实施背景及意义

（一）实施背景

水工程建设规划同意书制度从提出到作为一项行政许可实施，历经了近10年时间。《防洪法》提出，在江河、湖泊上建设防洪工程和其他水工程等，应当符合防洪规划的要求，且项目在立项报请批准时，应当附具有关水行政主管部门签署的符合防洪规划要求的规划同意书。《水法》提出，建设水工程必须符合流域综合规划，且在不同范围内建设的水工程，在项目立项报请批准时，应当由相应的水行政主管部门按照管理权限，对项目是否符合流域综合规划签署意见。在《防洪法》《水法》执行的基础上，水利部于2007年颁布《水工程建设规划同意书制度管理办法（试行）》（2017年修订），明确提出水工程的建设要符合流域综合规划和防洪规划，水工程项目立项报请审批时，按照事权划分，应附具有审批权限的水行政主管部门签署的水工程建设规划同意书。通过详细的规定，确立了流域综合规划和防洪规划对水工程的约束效力，规范了水工程建设规划同意书制度的实施。

（二）实施意义

水工程建设规划同意书制度作为一项行政许可实施，对于加强水利工程的规划管理，规范水工程的建设活动，合理开发、利用、保护水资源，促进经济社会和谐发展具有重要意义。

1. 水工程建设规划同意书是强化水利规划约束性的重要手段

水利规划是各级水行政主管部门履行政府职责的重要手段，是水利公共服务和社会管理的重要基础，是制定和安排水利建设计划、规范各项水事活动的重要依据。要突出水利规划的时效性和约束力，强化水利规划对水利建设的法规性作用，水工程建设规划同意书制度无疑是一项非常重要的措施。《水工程建设规划同意书制度管理办法（试行）》明确提出，水工程的建设要符合流域综合规划和防洪规划。流域综合规划是事关流域水利发展的纲领性文件，明确了水资源治理、开发、利用、保护的总体部署；流域防洪规划作为一项专业规划，对流域防洪体系作了整体布局、重点水利工程作了详细安排。《水工程建设规划同意书制度管理办法（试行）》的公布实施，增强了规划的实施效力，使水工程建设能够按照规划布局，合理开发、利用和保护水资源，维护了流域规划的权威性。

2. 水工程建设规划同意书是水工程项目立项的必要条件

《水工程建设规划同意书制度管理办法（试行）》已规定，水工程建设可行性研究报告（项目申请报告、备案材料）在报请审批（核准、备案）时应当附具水工程建设规划同意书，如果没有取得水工程建设规划同意书而擅自建设水工程，会受到相应的处罚。由此可见，水工程建设规划同意书作为一项行政许可，已是项目立项的必要前置条件之一，为推动《水工程建设规划同意书制度管理办法（试行）》的实施奠定了坚实的基础。

3. 水工程建设规划同意书是经济社会发展的现实需求

水工程作为一项重要基础设施，其建设具有两面性，一方面促进经济社会快速发展，另一方面也会对水资源的开发、利用、保护产生一定的影响。随着经济社会的快速发展，人们对水工程建设的需求也不断增加，且形式多样，但一些水工程建设并没有遵守流域规划，影响了河道行洪，对水资源的合理利用、生态环境的保护、综合效益的发挥均造成了不利影响。因此，要想建立起合理、有序开发利用水资源的新秩序，维护河流健康，必须严格执行水工程建设规划同意书制度。

二、实施要点

（一）水工程建设规划同意书是水工程建设立项的必要条件

作为一项法律设定的水利行政许可项目，水工程建设规划同意书具有严肃性和强制性。严格实施该项行政许可，对于加强水工程建设监督管理，保障水工程建设符合流域综合规划和防护规划的要求是十分必要的。对于一个相对完整的流域而言，其开发治理的举措必然是规划先行，但规划编制完成后，如何能够顺利有效地实施，水工程建设规划同意书无疑是一项非常重要的措施。

（二）工程建设与流域规划及流域水利发展思路符合性问题是关注重点

对于已批复规划中的水工程，该项行政许可关注水工程的建设任务、规模是否与规划相吻合；对于尚未编制规划或规划未经批复的河流、湖泊上的水工程，重点关注水工程建设是否与所处流域的水利开发、治理、保护的总体要求相协调。同时，水工程的规模等级和标准是否符合有关技术及管理的规定，是否影响其他水工程等，都是水工程建设规划同意书关注的内容。

（三）流域综合规划是水工程建设规划同意书的技术支撑

流域综合规划是事关流域水利发展的纲领性文件，是组织和安排水利建设计划，指导水工程建设，制定管理制度与政策，规范各项水事活动的基本依据。流域综合规划和与之相配套的专业、专项规划一并发挥着指导流域水利发展的重要作用。

（四）未纳入已批复规划的水工程必须编制专题论证报告

《水工程建设规划同意书制度管理办法（试行）》中规定：水工程所在江河、湖泊的流域综合规划或防洪规划尚未编制或批复的，建设单位应当委托有相应工程咨询资质的单位或流域综合规划或防洪规划的编制单位，就水工程是否符合流域治理、开发、保护的要求或者防洪的要求编制专题论证报告。其中至少包括两种情况：一是水工程所在江河、湖泊的流域规划尚未编制，二是水工程所在江河、湖泊的流域规划虽已编制但未批复或需要修订的，均应编制专题论证报告。为进一步满足水工程建设的规划符合性要求，一些流域管理机构也对水工程所在江河、湖泊的流域规划虽经批复但其所确定的工程任务、规模等有变更的，要求编制专题论证报告。

（五）流域管理机构是国家确定的重要江河、湖泊和省界河流水工程建设规划同意书实施的责任主体

《水法》明确规定：在国家确定的重要江河、湖泊和跨省、自治区、直辖市的江河上建设水工程，其工程可行性研究报告报请批准前，有关流域管理机构应当对水工程的建设是否符合流域综合规划进行审查并签署意见。这既是《水法》赋予流域管理机构的一项重要职责，也是水利部交付流域管理机构的重要工作，更是流域管理机构依法加强规划管理、逐步从流域规划编制向流域规划实施监督管理转变的重要举措。

（六）水工程建设规划同意书审查签署情况实行逐级报送制度

《水工程建设规划同意书制度管理办法（试行）》规定，省级人民政府水行政主管部门应当向流域管理机构报送本行政区域内水工程建设规划同意书审查签署情况，流域管理机构应当向水利部报送本流域水工程建设规划同意书审查签署情况。

三、存在主要问题及改进措施

（一）存在的主要问题

在管理层面，一是规划同意书制度与水利工程项目前期管理制度、建设项目防洪影响评价、水资源论证、水土保持方案编制、排污口设置论证等制度，在适用范围、管理对象等方面，存在一定程度的交叉重叠，造成被其他制度替代规划许可管理的现象。对水利专业知识了解不深的部门和社会公众，也提出涉水行政许可制度分类合并实施的建议与要求。二是在中央政府层面上，目前国家发展改革等综合部门尚未在项目立项审批环节制定相应的规范性文件，仅水利部制定的规范性文件，约束力不够强。三是水行政主管部门对规划同意书制度执行监督管理不到位，对违规行为处罚力度不够。

在技术层面，一是规划依据不够充分，一些规划论证深度不够，不能起到规划指导的作用，一些规划没有履行行政审批手续，对社会的约束力不强，不同类型规划、不同层级规划在治理标准、规划布局、工程任务等方面还不够协调，带来规划相符性分析困难的问题；二是规划论证标准体系不健全，"水工程规划论证编制导则"尚未出台，现有流域综合规划编制导则还比较概要，专业规划编制导则匮乏，导致规划论证报告编制规范性不强。

（二）改进措施

1. 加强水工程建设规划管理法规建设

虽然防洪法、水法都规定了规划同意书制度，但原则性较强，可操作性不强；水利部出台的《水工程建设规划同意书制度管理办法（试行）》，限于部门规章，权威性不足，对违法违规行为的威慑力不强，难以充分发挥作用。建议联合国家发展改革等综合部门，共同出台水工程建设水利规划许可规章，使规划同意书制度成为更具权威性和普遍约束力的一项制度。统筹研究防洪治涝布局与调度、水资源开发利用与调度、河湖资源开发利用等方面的规划许可管理制度，制定综合的水利规划管理条例。联合国家发展改革等综合部门出台建设项目水利规划许可规章，强化规划统一管理。同时，加强上级对下级规章、政策性文件的合规性审查，保证各级各类规章制度的协调。

2. 协调各级水行政主管部门规划管理权限

在合理划分各级政府水利事权的基础上，根据权责对等的原则，进一步协调各级水行政主管部门负责审查签署规划同意书的河流（河段）湖泊名录和范围；同时要求，上级签署规划同意书前征求相关下级水行政主管部门意见，下级签署的规划同意书定期向上级备案，保证制度协调推进。

3. 进一步规范规划同意书受理、审查、签署程序

按照管理审批权限受理规划同意书申请，对非水利类的水工程，项目必要性由有关综合部门和相关行业主管部门确认，受理前，建设单位须提交相关许可文件。申请材料审查时，要重点审查工程与流域（区域）综合规划、防洪规划的相符性，工程对公共利益、利害相关人和其他水工程利益影响分析的合理性，以及补偿补救措施的可行性，保证工程任务、标准、规模、调度运行符合有关规划、规范及其他管理规定的要求，保证工程实施不危害公共利益、利害相关人和其他水工程利益，或得到有效补偿、补救。在行政许可文件中，除明确规划许可意见外，还要明确工程设计、施工、竣工验收、运行管理等阶段的监督管理要求，落实后续监管主体和责任。

4. 进一步规范规划同意书申请材料

区分水工程项目的等别与其水利规划依据的充分性，分别明确申请材料格式、论证深度和论证单位资质要求，形成技术导则，对管理要求进行规范。对水利规划依据充分的，在水工程的（预）可行性研究报告（项目申请报告、备案材料）或项目建议书中落实规划相符性分析和相关利益方影响分析等规划论证内容，可不单独编制规划论证材料；对没有水规划依据的，或工程建设任务、规模等规划依据不足的，编制规划论证报告；对与流域、区域水利规划布局关系不大的中小型水工程，可编制规划论证表，简化论证要求。

5. 进一步强化水利规划工作支撑

据有关水利规划管理办法，优化水利规划体系，强化规划编制、审批、修订管理。兼

顾流域水系关系和行政管理层级，合理确定流域、区域综合规划和专业规划定位，形成覆盖完整、布局协调的工程规划体系，支撑规划相符性论证。加强经济社会发展预测和现状水利工程调查等基础工作，深化规划方案论证比选，提高规划成果质量。强化规划审查批准，严格按审批权限规范审查审批，提高规划效力。建立规划滚动修订机制，响应经济社会发展要求和水情变化，及时优化工程布局和调度方案。

6. 强化执法监督检查

建立定期备案、定期检查、重点项目日常督查相结合的监督检查制度，检查制度实施到位情况和管理规范性，评价规划同意书申请材料、规划论证报告、专家审查意见、行政许可文件的质量，依法查处制度执行缺位、论证深度不够、行政许可不合规等问题，提高制度执行水平。

第二节 涉水建设项目审批制度

一、涉水建设项目审查

（一）审查原则

涉水建设项目审查应遵循以下几个方面的原则：

1. 分级分类原则

首先，涉水审查标准应遵从水法律法规规定，并与其他法律法规和技术标准规定相协调，下级标准应符合上级标准规定。其次，涉水审查标准应针对不同河道等级和类型，以及不同项目类别分别进行设定，确保审查指标与标准的合理性、适用性和准确性。最后，涉水审查标准应以河湖为单元进行设定，同时涉及多条河道（湖泊）的建设项目应按河道（湖泊）分别进行评价和审查审批。

2. 系统完整原则

涉水审查标准应全方位、全过程反映建设项目防洪影响有关内容，确保涉水审查内容指标的全面性和系统性，确保各项审查内容指标的相对独立和完整。审查内容不仅应包括涉水工程设计方案和施工方案（统称建设方案），还应包括消除防洪不利影响而采取的防治与补救措施。

3. 合理适用原则

涉水审查标准应与区域经济社会发展水平相适应，在当前可行的技术条件下结合经济合理性确定。涉水审查标准应适用于规定区域内所有类别的涉水建设项目，涉水审查指标标准具有可操作性，并确保审查指标标准之间的关联性和协调性。

（二）审查总体要求

建设项目涉水审查总体要求是：①符合水利规划和不影响水利规划实施；②符合国家防洪标准和有关技术要求；③不影响河势稳定或虽有影响但可采取相应补救措施消除；④不妨碍行（蓄）洪畅通和降低河道（湖泊）行（蓄）洪能力；⑤不影响堤防等水工程安全；⑥不妨碍防汛抢险和管理通行；⑦建设项目防御洪涝的设防标准与措施适当；⑧不影响第三人合法水事权益；⑨符合有关建设管理规定和协议。

（三）审查分类

河湖管理范围建设项目的防洪影响，主要取决于涉水工程与河湖空间交叉连接关系及行业属性特点。为此，将涉水建设项目分为跨河（湖）建设项目、穿河（湖）建设项目、临河（湖）建设项目和拦河（湖）建设项目4种基本涉水类型，在此基础上划分桥梁、管道、输电线路、码头等不同建设项目种类，有针对性地探讨各类建设项目的涉水审查标准。同时，为进一步方便探讨涉水审查标准，将所有建设项目均需符合的审查内容指标与标准称为基本标准，将各类建设项目特有的审查内容指标与标准称为类别标准。

（四）审查标准

建设项目均应符合的工程位置、规划适应性、防洪标准适应性、施工期影响、第三人合法水事权益、管理规定等涉水审查基本标准如下：

1. 工程位置

（1）工程所在河（湖）段顺直稳定。

（2）应避开防洪规划保留区，岸线利用管理规划保护区、保留区。

（3）应避开水工程设施、饮用水水源取水口、河湖险工险段、水文观测断面和防汛设施等区域，符合规定的安全距离。

2. 规划适应性

（1）符合流域综合规划。

（2）符合防洪规划。

（3）符合岸线利用管理（治导线）规划。

（4）符合河湖整治规划。

（5）不影响规划的实施，或者虽有影响但采取措施消除。

3. 防洪标准适应性

（1）建设项目防洪标准应符合国家防洪标准。

（2）建设项目防洪标准一般不应低于河道（湖泊）防洪标准（无防洪要求的除外）。

4. 施工期影响

（1）施工布置不应影响堤岸稳定、防洪安全和防汛抢险。

（2）施工方法不应影响堤防等水利工程安全稳定。

（3）涉及影响防洪安全的工程一般应安排在非汛期施工，确需安排在汛期施工的应制定安全度汛方案。

5. 第三人合法水事权益

不影响工程附近取排水设施、码头等第三人合法水事权益，或者虽有影响但采取措施消除。

6. 管理规定

（1）工程建设涉及在河道内采砂、取土的应制订方案，必须按照经批准的范围和作业方式进行，并向河道主管机关缴纳管理费。收费的标准和计收办法由国务院水行政主管部门会同国务院财政主管部门制定。

（2）符合施工期和运行期有关监督管理规定。涉水建设项目应当符合防洪标准、岸线规划、航运要求和其他技术要求，不得危害堤防安全、影响河势稳定、妨碍行洪畅通；施工期，应当按照水行政主管部门审查批准的位置和界限进行，对涉水建设项目平面位置、结构形式、关键尺寸、涉及防汛抢险和航运等要素、重点部位的施工、临时工程等内容进行监督管理；运行期，应协同环境保护部门对水污染防治实施监督管理。

二、洪水影响评价

（一）实施背景

为加强在河湖管理范围内进行建设项目的管理，确保江河湖泊防洪安全，保障当地国民经济的发展和人民生命财产安全，根据《水法》和《河道管理条例》，1992年水利部和国家计委联合颁发的《河道管理范围内建设项目管理规定》指出：对于重要的建设项目，建设单位应编制《防洪影响评价报告》。1997年颁布实施的《防洪法》也明确规定了“洪水影响评价”制度。对河道管理范围内新建、扩建、改建工程建设项目实施管理，进一步促进了河道的有效管理，维护了法律的权威性，同时也树立了水行政主管部门的行业管理权威。河湖管理范围内的建设项目管理重点是建设项目的审查，而审查中的关键是对洪水影响评价的审查。因为这涉及如何正确处理水利建设和其他行业建设的关系。水利建设为其他建设创造安全保障的条件，其他建设在工程设计、建设中也必须重视当地江河湖泊的水利条件，做到相互协调。流域内各水利工程的防洪标准高低不一，非水利建设项目的建设必须与之相适应，不能把重要的项目建在防洪能力低的地方，更不能因为建设了这些工程而降低了原有的工程防洪标准和河道（湖泊）泄（蓄）洪能力。所以，凡是在河湖管理范围内的建设项目，必须进行洪水影响评价。大型建设项目一般防洪标准高，只要方案科学，措施得当，对洪水的影响不一定就很大，而小型建设项目工程规模虽然不大，但对洪水影响或对河湖防洪能力的影响却不一定小。因此，对河湖防洪能力影响大的，即便是小型建设项目也应进行洪水影响评价。

洪水影响评价应当就建设项目对防洪可能产生的影响和洪水对建设项目本身可能产生的影响，分别进行评价。洪水影响评价不但要对这两方面在定性、定量上做出客观的、科学的综合评价，还要提出切实可行的减免、改善不利影响的措施。它涉及国家方针、政策、法律、法规、技术规范，流域综合规划、防洪规划，防洪安全、工程管理、边界矛盾、环境保护等诸多领域。

（二）评价主要内容

由于各个建设项目所处的自然地理位置、边界条件、水文气象等不同，且各个建设项目的工程类别、特点及对洪水影响的性质、程度不同，可以分基本内容和重点研究两部分。基本内容主要有以下几方面：

（1）建设项目是否符合国家的水利法律、法规及规范、技术标准。

（2）建设项目是否符合流域综合规划、河湖整治规划、防洪规划及对各规划实施的影响。

（3）建设项目对河道行洪能力、湖泊蓄洪能力、防洪抢险及工程管理的影响。

（4）建设项目对邻近建筑设施及第三者的合法水事权益、环境保护的影响。

对建设项目的洪水影响评价，除具备以上基本内容外，还应根据工程的类别、特点作重点研究。例如，拦河建筑物（水闸）应重点论说泄流能力、水流形态及对河道、堤防稳定的影响，岸墙与岸堤结合部分的稳定、两侧绕渗；跨河建筑物（桥梁、渡槽等）应重点论说建筑物的法线方向与水流方向是否一致，梁底高程、跨度是否满足行洪要求，桥墩壅（阻）水情况，对水流形态、河势的影响；穿河、穿堤建筑物（输油、输气、输水管道、缆线等）应重点论说是否改变过水状况，产生的冲刷、淤积，可能突发的事故（如油、气管的爆裂）对河床、河势、水质产生的影响，施工方法是否得当等；航道整治建设项目要重点论说整治方案是否符合规划治导线要求，整治前后全河段洪、中、枯水三级流量沿程的变化、河床演变情况及其变化趋势，对河势、河岸坡、堤防的影响。对于水文情况比较复杂的大型建设项目，还应提供更详细的论证和有关的数学、物理模型试验专题报告。

（三）主要评价指标

参照《涉河项目防洪评价方法与指标探讨》，提出五类主要评价指标：

（1）阻水面积百分比：指河道设计水位线以下至一般冲刷线处阻水结构在水流正交面上的投影面积与河道过水断面面积之比。涉及一级、二级堤防河道，建筑物的阻水面积百分比不应大于8%；涉及三级以下堤防以及无堤防河道，建筑物的阻水面积百分比不应大于10%。

（2）最大壅水高度：指涉水建筑物建成后，因水流受阻，在涉水建筑物上游产生的水位升高的高度称为壅水高度，其最大值称为最大壅水高度。对于不允许越浪的堤防，建筑物的最大壅水高度应控制在堤顶安全超高值15%以内（一级河道，壅水绝对值不应超过15cm）；对于允许越浪的堤防，建筑物的最大壅水高度应控制在堤顶安全超高值30%以内（山区河流，一般壅水值不应超过30～40cm）。

（3）减少流量百分比：对于一级、二级河道，建筑物阻水减少流量百分比不应超过3%；对于三级及以下河道，建筑物阻水减少流量百分比不应超过5%。

（4）交角及流态变化：涉河建筑物（桥墩中轴线）与水流动力轴线的交角一般应在5°以内。设计标准洪水条件下，洪水流速较大（断面平均流速达到2.5m/s）的平原性河流，流速增幅不应大于5%；山区性河流流速增大不应超过15%。

（5）堤脚冲刷：指由于涉水建筑物的阻碍，水流在堤脚周围产生强烈涡流而引起局部范围的冲刷。设计标准洪水条件下，建筑物引起的堤脚冲刷深度，应控制在0.5m以内。

三、入河湖排污口审查

（一）实施意义

（1）加强入河湖排污口的监督管理是贯彻落实中央一号文件的具体措施，是实施最严格水资源管理制度的重要抓手。2011年的中央一号文件对水资源保护提出了明确的目标和要求，就是要把严格水资源管理作为加快转变经济发展方式的战略举措，实行最严格的水资源管理制度。2012年2月国务院出台了《国务院关于实行最严格水资源管理制度的意见》（国发〔2012〕3号）（以下简称《意见》），明确提出实施最严格水资源管理制度的“三条红线”。《意见》明确要求：加强水功能区限制纳污红线管理，严格控制入河湖排污总量；严格入河湖排污口监督管理，对排污量超出水功能区限排总量的地区，限制审批新增取水和入河湖排污口。通过实行“河长制”，落实河湖水域岸线管理保护地方主体责任，建立健全部门联动综合治理长效机制，加强了水资源保护，全面落实了最严格的水资源管理制度，严守“三条红线”；加强了水污染防治，统筹水上、岸上污染治理，排查入河湖污染源，优化入河排污口布局；加强了水环境治理及水生态修复，维护了岸线健康生命和岸线公共安全，提升了河湖水域岸线综合功能，对于加强生态文明建设、实现经济社会可持续发展具有重要意义。

(2) 加强入河湖排污口的监督管理是法律赋予水行政主管部门的主要职责。在水资源保护方面，2016年新修订的《水法》特别强调了水质管理，提出了三项新的基本管理制度，即水功能区划、入河排污口监督管理、饮用水水源地保护制度。这三项基本制度共同构建了水资源保护监督管理工作的基本框架，体现了水资源量、质结合，功能要求与保护要求结合的基本思想，其中入河排污口监督管理制度是这三项制度的基础和关键。为此，2004年11月水利部颁布了《入河排污口监督管理办法》(2015年12月16日修订)，2017年3月下发了《关于进一步加强入河排污口监督管理工作的通知》(水资源〔2017〕138号)，明确要求加强入河排污口的日常监督管理工作。入河排污口普查是国家赋予各级水行政主管部门的一项长期而系统的工作，在技术标准建设方面，为规范入河排污口设置论证、审批、登记等管理工作，水利部先后发布实施了《入河排污口管理技术导则》(SL 532—2011) 和《入河排污量统计技术规程》(SL 662—2014)。

(二) 入河湖排污口的认定和分类

按照《水法》《河道管理条例》和《入河排污口监督管理办法》等规定，以及政府批准水行政主管部门的职能，水行政主管部门在入河湖排污口监督管理方面的职能主要包括：入河湖排污口的论证审查、排污量监测，新建、改建、扩大入河湖排污口的审查等，因此深刻认识入河湖排污口的概念，是做好入河湖排污口监督管理工作的基础。

1. 入河湖排污口的认定

根据水利部的《入河排污口监督管理办法》，入河排污口是指直接或者通过沟、渠、管道等设施向江河、湖泊(含运河、渠道、水库等水域)排放污水的入河排污口，也就是指企业、事业等单位或个体工商户等，为将生产、生活中产生的，或将收集、处理后的废污水利用沟、渠、管道向江河、湖泊等排放污废水而设置的以排污为主要功能的口门，此处定义强调了入河湖排污口的一个重要特性，就是排污口设置单位的排污去向应是江河、湖泊(含运河、渠道、水库等水域)。

入河湖排污口的设置是指入河湖排污口的新建、改建和扩大。其中，新建是指入河湖排污口的首次建造，以及对原来不具有排污功能或者已废弃的入河湖排污口的使用；改建是指已有入河湖排污口的排放位置、排放方式等事项的重大改变；扩大是指已有入河湖排污口排污能力的提高。

2. 入河湖排污口设置单位的认定

对入河湖排污口的监督管理属于一种水行政管理事项，在行政法律关系上有两个主体：行政方和行政相对方，因此确认入河湖排污口的设置单位非常重要，一般认定利用入河湖排污口排放自身产生的污废水的单位，或者是入河湖排污口建筑物的所有或管理单位。由此可以看出入河湖排污口设置单位应满足下述条件：一是其设置的排污口是入河湖排污口，二是该单位是入河湖排污口设施的所有人或使用人，三是利用入河湖排污口实施了排污行为。

3. 入河湖排污口的分类

根据入河湖排污口设置单位一般将入河湖排污口分为工业入河湖排污口和市政综合入河湖排污口。其中工业入河湖排污口根据使用入河湖排污口的单位多寡通常分为单个企业设置和多家企业共用，而且单个企业可能设置不止一个入河湖排污口。

（三）入河湖排污口审查内容

入河湖排污一方面影响到水环境及其生态功能，同时也影响了水资源的保护和饮用水安全。实施入河湖排污口监督管理是保护水资源、改善水环境、促进水资源可持续利用的重要措施，是水资源管理工作的一项重要内容。

1. 对于已经建成的排污口进行普查登记

实施入河湖排污口监督管理，首先需要了解和掌握现有的入河湖排污口的设置情况、排污量大小、排放方式、主要污染物浓度和总量，以及排污口的具体位置，排入河、湖水体的水功能区划情况等，并对其进行普查、登记、建档。因为只有了解已设置的入河湖排污口的基本情况、排污现状，才能依据水功能区划确定水域纳污能力，向有关主管部门提出限制排污总量的意见，才能客观、科学地决策是否同意新建、改建、或者扩大入河湖排污口，真正履行水行政主管部门监督管理的职责，减少和避免水污染事件和纠纷的发生，维护河湖健康，保障饮用水源地水质安全。根据《入河排污口监督管理办法》规定，在《意见》《水法》施行前已经设置入河湖排污口的单位，应到当地县级水行政主管部门进行登记，由其汇总并逐级上报有管辖权的水行政主管部门。

2. 实施排污口设置审查同意制度

水行政主管部门应对新建、改建和扩大入河湖排污口进行充分论证，认真实施入河湖排污口设置的审查。入河湖排污口的设置要实行“三同时”制度，治污工程和排污工程的设计、施工和投入运行三个环节均应接受水行政主管部门的监督检查，在设置或变更工程完工后应向水行政主管部门申请竣工验收；入河湖排污口的设置、变更的申请审批程序应包括预申请审查、申请审查、竣工验收。必须符合水资源综合规划和水资源保护规划，符合水功能区划的要求，服从于水功能区水质管理目标及污染物总量控制管理目标，废污水排放还必须符合国家标准或地方标准，符合有关入河湖排污口设置技术规范要求。

进一步加大水功能区监督管理的力度，在入河湖排污口普查登记的基础上，根据水功能区划开展纳污能力核定工作，结合入河湖排污口普查登记工作成果，依法向各级环保部门提出限制排污总量意见，组织修订完善入河湖排污口的整治规划，突出饮用水源的保护，对影响饮用水安全的入河排污口，报请当地政府采取措施进行全面清理整治，逐步建立饮用水源地保护的长效机制。

3. 入河湖排污口的日常监管

入河湖排污口的监督管理还应包括以下内容：对已有的入河湖排污口建立常规监测、监督性监测和现场执法检查相结合制度；制定入河湖排污口技术规范，建立入河湖排污口设置、变更的审批程序；建立排污信息通报及年审制度，应规定使用或设置入河湖排污口的所有排污单位，必须定期如实向水行政主管部门报送入河湖排污口运行统计情况，水行政主管部门每年应按照规定的审批权限，对入河湖排污口组织年审。

在总量控制的原则指导下，加强对新建、改建、扩建排污口的审查，对排污量已超出水功能区限制排污总量的地区，限制审批新增取水和入河湖排污口。对不符合规定要求的入河湖排污口，应结合各地实际情况，提出分期、分批进行规范及整改意见。对重大水污染事件，应严格按照应急处置有关规定的要求，及时反映和报告。坚持有法必依、执法必严、违法必究，做到责任到位、措施到位，切实维护水法规的权威和尊严。对于拒不按照规定履行入河湖排污口设置审批手续的，要依法进行严肃处理。

第三节 涉水建设项目过程监管

虽然严格了涉水建设项目审批制度，但是一些涉水建设项目在建设过程中仍存在损毁防洪工程，形成影响河道（湖泊）行（蓄）洪障碍等问题，危及防洪工程安全与完整。所以为保护水域、推动重大涉水项目建设及经济转型发展，就要改变只注重审批和验收的“哑铃形”管理方式，明晰涉水项目现场监管要点，强化建设项目过程监管工作，做到源头严防、过程严管。

各地要不断加大涉水建设项目的审批管理和后续监管力度，加强对建设项目主要环节的控制，严格项目检查监督，最大限度减轻涉水建设项目对河湖堤防完好和河湖生态的影响。

一、监管要点

涉水建设项目现场监管要点是项目在河湖内建设的主要技术、时间等关键节点，是对河湖管理产生影响的关键要素，也是审批机关审批时所涉及的主要和关键内容。这些要点主要包括涉水建设项目平面位置、结构形式、关键尺寸、涉及防汛抢险和航运等要素、重点部位的施工、临时工程等内容。

监管单位在监管前，应对具体项目进行分析，确定该项目的监管要点，明晰监管步骤，开展监管量测。现场监管工作中，监管单位只有做好涉水项目过程监管，解决好过程中出现的问题，才能更好地履行职责，保护河湖，避免形成难以解决的问题。

二、涉水建设项目环境保护过程监管

涉水建设项目的环境保护过程监管是实现地区经济社会与生态环境的可持续发展的重要举措，故强化建设项目监管工作势在必行，要规范事前、事中、事后监管流程，认真把好涉水建设项目管理的“十个关”，即“前期引导关、技术论证关、行政审批关、开工审核关、补偿方案专项审查关、堤防维护与防汛协议签订关、施工监控关、验收关、档案整理关、年审核查关”，坚决杜绝未批先建、批建不符、边批边建的违法行为，确保规范建设。

过程监管主要包括三个方面：一是建设项目审批；二是“三同时”（同时设计，同时施工，同时投产使用）监管；三是建设项目竣工验收。建设项目环境影响评价文件的审批是实现地区污染物总量控制的源头办法，与之对应的建设项目环境保护竣工验收则是审核评估其污染防治措施落实情况的有力抓手，而“三同时”监管则是推动建设项目落实环保责任的重要手段。

虽然建设项目审批率大幅提升、重点建设项目“三同时”监管基本做到了全覆盖、建设项目竣工验收比例也在逐年上升，但是难以掩盖当前众多涉水建设项目选址不合理、不符合产业政策的企业无法通过环境影响评价审批、未批先建和久拖不验收项目难以早发现早处理、“三同时”管理人员不足、环保部门监管水平较低、社会力量对过程监管的参与水平较低、企业缺乏保障公共利益的自觉性和主动性等问题。

为解决上述问题，对加强我国建设项目环境保护过程监管提出了新的要求：第一，提高环境保护主管部门的监管水平。就是要紧密依靠当地政府加强对企业的了解和把握，对第三方提供的环境影响评价文件的有关资料进行调查核实，设立合理的公众参与意见取舍制度，从项目环境影响出发完善资料审查程序。第二，要着力构建环境保护市场化协同监管体系。要激励环保产业有关的第三方单位开展良性竞争，要健全第三方单位对污染治理设施的市场化运维制度，并有效利用经济杠杆确保企业履行环保职责。第三，要加强企业自身环保管理。环保部门要面向企业推广利于监管的标准化设施，督促企业开展清洁生产审核，并规范企业内部管理。

第四节 占用水域补偿制度

一、实施背景

占用水域是指因项目建设或者其他活动，使水利设施被占压、损坏或者功能受到影响，使水域面积、水利设施管理范围减少或者功能受影响的，统称“占用”，具体表现为占压、损毁、跨越、穿越等多种形式。占用期限可以分为临时占用和长期占用，临时占用一般不超过两年。

江河湖库在防洪、排涝、灌溉、供水、发电、航运、生态景观等方面发挥了巨大的综合功能。但自20世纪90年代以来，随着城市化、工业化的不断推进，占用水域、填埋河道沟汊现象严重，大量水域不复存在，已影响到水域综合功能的发挥。水域管理和保护面临许多新问题、新情况，主要表现如下：

(1) 占用水域从零星向成片逐年发展。20世纪90年代以前，占用水域以居民建房占用小面积水域为主，零零星星；90年代以来成片填占水域的情况日益增多。

(2) 存在不合理填埋及覆盖问题。如一些地方垃圾入河、违法偷排污水等情况使水质日趋恶化，一些地方采取填堵、覆盖等蚕食水域的做法。

(3) 规划滞后。现在编制的很多规划主要是从行洪排涝考虑，规划了河道的宽度、主要骨干工程布局等，而对不同水域的功能划分、水面控制率等均未提出具体要求，致使水域占用总量难以得到有效控制。

(4) 占用水域补偿费的标准低。经批准使用水域进行建设的，建设单位必须按规定采取补救措施或支付补偿费。但目前各地出台的补偿费标准只有50～150元/m^2不等。即使按150元/m^2计算，1亩（1亩≈666.7m^2）水域也只要10万元左右，而现在一亩土地的市场价要100万元以上，有的甚至高达300万～400万元。这样大的差距，既无法新建替代工程，也起不到通过经济手段限制占用水域的目的。

二、基本原则

1. 严格保护原则

禁止非法占用水利设施和水域。确需占用的，应当符合防洪标准、通航要求、岸线利用、污染防治、水产养殖等其他规划和技术要求，严格控制占用的范围和方式，不得影响水利设施的安全运行，不得缩小水域面积，不得降低行洪和调蓄能力，不得擅自改变水域滩地的使用性质。

2. 依法审批原则

建设项目确需占用水利设施和水域的，应当经过科学论证，采取相应措施，把对水利设施和水域造成的不利影响降到最低限度，并依法办理审批手续。

3. 等效替代原则

建设项目占用水利设施和水域，损害或者影响水利设施和水域功能的，应当优先按照功能等效的原则建设替代工程或者采取其他功能补救措施。交通、能源、生态环境保护等建设项目如未实际减少水域面积、容量的，可以不兴建等效替代水域工程。建设单位可以自行兴建等效替代水域工程，也可以委托具备相应资质的单位代为兴建，或者向水行政主管部门缴纳等效替代工程建设费用，由水行政主管部门统一组织实施。等效替代水域工程建设费的缴纳、使用和管理办法，由省水行政主管部门会同省财政、价格主管部门另行制定。

4. 占用补偿原则

建设项目占用水利设施和水域，应当依法承担经济补偿责任后方可开工建设，根据所在地水域保护规划的要求和被占用水域的面积、水量和功能，由其向水行政主管部门缴纳占用水域补偿费，由水行政主管部门组织实施。

三、等效替代措施和经济补偿方式

（1）建设项目占用水利设施的，由建设单位采取修复、加固、修建其他等效替代工程等补救措施，消除不利影响。对水利工程设施造成的其他损失，增加的工程运行、日常维修、养护、观测、监督管理成本等，依法支付相应的补偿费。因项目建设壅高水位的，建设单位应当承担相应的堤防建设费用，确保原设计防洪标准；因工程建设确需迁建、扩建、改建、拆除水利工程设施的，所需费用由建设单位承担。

（2）建设项目占用水域的，建设单位在依法报批时，应当提供拟采取的替代水域工程或者功能补救措施方案，并按照批准的方案组织实施。建设项目确需占用水域，无法采取替代水域工程或者功能补救措施的，应当依法缴纳补偿费。未经批准擅自占用水利设施或者水域的，对违法行为实施期间和违法结果存续期间的占用活动，应当依法追缴补偿费。

四、补偿费的测算

占用水域补偿费标准，依照当地同类建设项目用地价格、替代水域工程造价或采取功能补救措施的费用确定，由省价格、财政部门批准。占用水域补偿费的征收和管理办法，由省水行政主管部门会同省价格、财政部门制定。

兴建替代水域工程或者采取功能补救措施的费用（包括占用水域补偿费），应当列入建设项目工程概算。

补偿费标准的确定应当以能够恢复水利设施、水域的原有功能为原则。测算工作以《水利建筑工程预算定额》《水利建设项目经济评价规范》《水利工程维修养护定额标准》等有关规范、标准为基本依据，按照占用时间、性质区分临时和长期两种情况分别测算。水利设施按照受损部分重置价的费用、增加的成本，水域按照等效替代工程造价或者采取功能补救措施的费用进行测算。在测算的基础上，由水行政主管部门协调同级财政部门、价格主管部门按照规定的程序确定补偿费标准。

第五节　分级管理与责任追究制度

一、分级管理

1. 分级管理的目的和意义

分级管理是为了实现涉水项目谁建设、谁使用、谁受益、谁管理、谁维修，最终达到“水利为社会、社会办水利，人人管水利工程”的目的。

涉水项目仅靠地方水利局管理、维护，工作量大，分布面广，重点项目管理的比较好、比较细，而一般的小型项目管理得较差，维护得也不及时。为此提出实行分级管理，将现有的涉水项目按照基层行政管辖区域和固定资产的管理办法划分到单位。发挥各级管理涉水项目的积极性，将涉水项目管理、维护的单位划小、划细，能到户的到户，达到每一个项目都有人管理的局面，使涉水项目充分发挥自身的工程效益。

2. 实行分级管理的具体办法

涉水项目实行分级管理，维修养护是重中之重。涉水项目维修养护的主要任务是对涉水项目进行日常养护和及时修理，维持、恢复或局部改善原有工程面貌，以保持项目的设计功能，保证项目的完整和完全运行。

涉水项目的维修养护分为日常维修养护和专项维修养护。专项维修养护是指工程量较大、技术要求较高或使用维修养护资金在50万元以上，需要集中维修养护的项目。

日常养护由所属项目管理单位负责所辖涉水项目的维修养护具体工作。维修养护资金管理执行中央财政专项资金有关规定，必须专款专用，不得挪用和挤占。各水管单位要加强维修养护资金的使用、管理监督，确保资金使用安全有效。

涉水项目管理部门直接负责重点项目的管理、维修。资金来源于年度收取水费中的维修费用，或由相关管理部门向上级主管部门提出项目维修计划，报上级部门申请专项资金进行维修养护。年度计划由水管单位编制，水利局负责审批、备案。年度计划编制应遵循“实事求是，统筹兼顾，突出重点，确保安全”的原则，以保证涉水项目的正常维修养护和安全运行。

水利主管部门每年对水管单位的涉水项目进行一次全面的检查，检查工程的使用情况、完好状态、维修情况等。根据检查结果，完善今后需要改进的地方，指导督促基层管好、用好、维修好涉水项目。

二、责任追究制度

1. 责任追究制度概述

涉水建设项目责任追究制度，是指在涉水建设项目决策和实施过程中，不同主体因违规、违约、违法等行为对项目实施或公共利益等造成损害而必须承担某种否定性后果的制度。与涉水建设项目决策和实施有关的单位及其人员，没有合格履行应该履行的职责和义务，其一切行为和后果都必须而且能够被追究责任，是涉水建设项目责任追究制度的核心。

涉水建设项目责任追究制度的基本概念具有以下三个要点：一是责任追究制度首先是一种规范的法律制度，是依据有关法律、规章或合同约定，加强和改善涉水建设项目管理的重要一环。它的建立和实施有充足的法律法规依据，这也是责任追究制度权威性、准确性的基础和力量源泉。二是责任追究制度是一种严格的责任制度，涉水建设项目是该制度的载体。涉水建设项目决策和实施过程中产生的权力其行使与责任共生，他们是一对“双胞胎”，未能依法依约合格履行职责，就需承担某种否定性后果。三是责任追究制度的关键是“追究”，追究责任是责任追究制度的出发点和归宿。需特别强调的是，不同主体未能合格履行职责，表现为各种失职、违约、违法行为时，应伴随引起了一定的不良后果，且问责一般在不良后果发生后再去确定各方职责、追究各方责任。故它是一种“火警式”，而不是“巡警式”的运行机制。

涉水建设项目责任追究制度作为改善和优化涉河建设项目管理的杠杆、驱动器和制衡器。其根本宗旨：一为规范和约束公共权力行使，保护公共利益，实现社会公平，保障法制威严；二为健全科学、民主的涉水建设项目决策和实施机制，强化领导干部责任意识，促进反腐倡廉；三为促进项目决策和实施的责任规范和失职追究，督促责任主体总结经验教训，强化涉水建设项目管理，提高涉水建设项目的效益与效率；四为减少和避免“豆腐渣工程”和“政绩工程”，遏制涉水建设项目决策与实施过程中的违法违规行为，并尽可能挽回损失。

2. 责任追究制度建立

我国涉水建设项目责任追究制度的建立没有历史经验可以借鉴，也不能照搬西方模式，必须与中国的政治现实和国情相结合，采取渐进的方式逐步推进。

(1) 加强宣传。加大水法规宣传力度，提高沿河群众的维河意识，争取群众对涉水建设项目管理的理解和支持。特别要将对工程建设单位的宣传作为重点，引导建设单位学法守法，配合好河道主管机关的管理工作。

(2) 建立组织。在现有河湖管理专门机构的基础上，组建水利公安派出所，以及时处理水事案件。成立以加强涉水建设项目受理、审查和监管为目的的涉水建设项目审查委员会，明确各部门职责，规范工作程序，提高工作效率，按照管理、审批程序和权限，使项目能够得到及时审查、转报和批复，推动涉水建设项目的管理逐步步入规范化轨道。

(3) 健全法制。做好执法实践中存在问题的收集和调研工作，抓住国家对防洪政策倾斜的机遇，积极推动相关政策及规定的出台。对有关建设项目许可的法规要制定实施细则，细化项目的各个环节，明确补偿标准、抵押标准，做到有法可依、有规可循，避免因法律缺位或可操作性不强出现不作为或执法难等问题。

(4) 严格执法。用好现行法律法规，强化涉水建设项目违法行为的处罚措施，严格规范涉水建设项目建设活动。认真履行涉水建设项目的审批程序，依法实施行业管理和监督。加强对涉水建设项目的巡查，从源头上遏制违法行为发生。建立执法回访制度，坚决杜绝执法不严、违法执法及商业贿赂等现象发生。

(5) 加强执法队伍建设。积极举办各种培训班、专题交流会等，加强上下级的沟通和兄弟单位间的经验交流，不断提高执法人员的法律素质和综合执法能力。要充实和加强执法力量，更新、配备监管设备，建立专项管理经费，以素质高、业务精、能力强的执法队伍和装备精良、经费充足的执法条件，保障涉水建设项目管理工作的有效开展。

第六节　整治非法涉水活动

非法围湖填河、侵占水域岸线、采砂取土、非法建设、擅自取水等人为侵害河湖行为频发，仍是当前河湖管理与保护面临的突出问题，由于违法成本小、执法难度大，侵占河湖资源事件屡禁不止。多数非法涉水行为因未能及时有效发现和处理，已严重威胁到防洪安全、供水安全和生态安全。为此，开展河湖动态监控，严厉打击涉河湖违法违规行为，维护良好的河湖管理秩序，是落实中央生态文明建设要求、提升河湖管理能力和水平的重要措施。

一、整治侵占水域岸线行为

侵占水域岸线主要表现为以下 4 个方面：

(1) 在河道（湖泊）内弃置、堆放阻碍行洪的物体，种植阻碍行洪的林木及高秆作物，或未经批准围垦河湖。

(2) 在河湖管理范围内建设妨碍行洪的建筑物、构筑物，或者从事危害河岸堤防安全、妨碍河道行洪的活动。

(3) 未经水政主管部或者流域管理机构同意，擅自修建水工程，或者建设桥梁、码头和其他拦河、跨河、临河建筑物、构筑物，铺设跨河管道、电缆。

(4) 虽经水行政主管部门或者流域管理机构同意，但未按照要求修建前款所列的工程设施。

对侵占河道的处理流程如下：

(1) 依据职权，责令停止违法行为。

(2) 限期清除障碍，拆除违建物，或者采取其他补救措施。

(3) 逾期不拆除、不恢复原状的，依法强行拆除，所需费用由违法单位或者个人负担。

(4) 按照情节轻重处一万元以上十万元以下的罚款。

二、整治围垦湖泊行为

围垦湖泊是通过修建圩堤等工程设施，将原本统一的湖体分隔为粮、渔、副等农业生产区，阻止了湖水的自由交换。

对围垦湖泊的处理办法有以下 4 点：

(1) 依据职权，责令停止违法行为，恢复原状。

(2) 按照情节轻重处以五万元以下罚款。

(3) 拒不恢复原状的，由县级以上水行政主管部门指定有关单位代为恢复原状，所需费用由责任人承担。

(4) 对历史遗留问题，批准湖泊保护规划的人民政府应当制定实施退田（渔）还湖计划，确定补偿标准，明确有关部门和沿湖乡镇人民政府的责任和分工，逐步退田（渔）还湖。

三、整治非法采砂行为

下列行为属于非法采砂：

(1) 未办理采砂许可证，擅自在河道或湖泊采砂。

(2) 虽持有采砂许可证，但在禁采区、禁采期采砂。

(3) 运砂船舶在采砂地点装运非法采砂船舶偷采江砂的，属于与非法采砂船舶共同实施非法采砂行为。

对非法采砂的处理流程如下：

(1) 依据职权，责令停止违法行为。

(2) 没收违法所得和非法采砂机具，情节严重的扣押或没收非法采砂船舶。

(3) 从事非法采砂活动的单位和个人拒不接受处理或者逃离现场的，水行政主管部门有权将非法采砂船舶拖至指定地点，并依法处理，因此发生的费用由责任人承担。

(4) 按照情节轻重，处一千元以上三十万元以下的罚款。

(5) 持有采砂许可证违法采砂的，除给予处罚外，吊销采砂许可证。

(6) 采砂单位和个人阻碍国家机关及其工作人员依法执行职务，由公安机关依法给予治安管理处罚。

(7) 构成犯罪的，由司法机关追究刑事责任。

四、整治破坏航道行为

航道是指中华人民共和国领域内的江河、湖泊等内陆水域中可以供船舶通航的通道，以及内海、领海中经建设、养护可以供船舶通航的通道。航道包括通航建筑物，航道整治建筑物和航标等航道设施。规划、建设、养护、保护航道，应当根据经济社会发展和国防建设的需要，遵循综合利用和保护水资源、保护生态环境的原则，服从综合交通运输体系建设和防洪总体安排，统筹兼顾供水、灌溉、发电、渔业等需求，发挥水资源的综合效益。

对破坏航道行为的整治方法包括航道养护、航道保护及处罚三方面。

航道养护方面，《中华人民共和国航道法》第二十一条规定，因自然灾害、事故灾难等突发事件造成航道损坏、阻塞的，负责航道管理的部门应当按照突发事件应急预案尽快修复抢通；必要时由县级以上人民政府组织尽快修复抢通。

航道保护方面，第三十二条规定，与航道有关的工程竣工验收前，建设单位应当及时清除影响航道通航条件的临时设施及其残留物。

第三十五条列出了禁止危害航道通航安全的行为，内容如下：

(1) 在航道内设置渔具或者水产养殖设施的。

(2) 在航道和航道保护范围内倾倒砂石、泥土、垃圾以及其他废弃物的。

(3) 在通航建筑物及其引航道和船舶调度区内从事货物装卸、水上加油、船舶维修、捕鱼等，影响通航建筑物正常运行的。

(4) 危害航道设施安全的。

(5) 其他危害航道通航安全的行为。

处罚方面，第四十二条明确规定：违反本法规定，有下列行为之一的，由负责航道管理的部门责令改正，对单位处五万元以下罚款，对个人处二千元以下罚款；造成损失的，依法承担赔偿责任：

(1) 在航道内设置渔具或者水产养殖设施的。

（2）在航道和航道保护范围内倾倒砂石、泥土、垃圾以及其他废弃物的。

（3）在通航建筑物及其引航道和船舶调度区内从事货物装卸、水上加油、船舶维修、捕鱼等，影响通航建筑物正常运行的。

（4）危害航道设施安全的。

（5）其他危害航道通航安全的行为。

五、整治违法取水行为

根据《水法》《取水许可和水资源费征收管理条例》《取水许可管理办法》，下列行为属于违法取水：

（1）未经批准擅自取水，或未依照取水许可规定取水。

（2）未取得取水申请批准文件，擅自建设取水工程或者设施。

（3）申请人隐瞒有关情况或者提供虚假材料，骗取取水申请批准文件或者取水许可证。

（4）拒不执行审批机关做出的取水量限制决定，或者未经批准擅自转让取水权。

（5）不按照规定报送年度取水情况，退水水质达不到规定要求，拒绝接受监督检查或弄虚作假。

（6）未安装计量设施或计量设施不合格。

（7）取水单位或者个人拒不缴纳、拖延缴纳或者拖欠水资源费。

（8）取水单位或者个人擅自停止使用节水设施的，擅自停止使用取退水计量设施，或不按规定提供取水、退水计量资料。

对违法取水的处理流程如下：

（1）依据职权，责令停止违法行为。

（2）限期采取补救措施，或者补办相关手续，并补缴水资源费。

（3）逾期不补办或者补办未被批准的，责令限期拆除或者封闭其取水工程或者设施。

（4）逾期不拆除或者不封闭其取水工程或者设施的，由县级以上地方人民政府水行政主管部门或者流域管理机构组织拆除或者封闭，所需费用由违法行为人承担。

（5）根据情节轻重，处二万元以上十万元以下的罚款。

（6）对于在申请取水证过程中提供虚假信息的，取水申请批准文件或者取水许可证无效；对申请人给予警告，责令其限期补缴应当缴纳的水资源费，处二万元以上十万元以下罚款，构成犯罪的，依法追究刑事责任。

（7）对于上述违法取水行为中的（1）、（4）、（5）、（6），情节严重的，吊销其取水许可证。

全面加强对涉水违法违规活动的行政执法，做到有法必依、执法必严、违法必究，针对违法现象严重的区域和水域要开展专项执法和集中整治行动，重大违法案件上一级水行政主管部门要挂牌督办、一查到底。同时，要建立政府主导、水利牵头、有关部门配合的联合执法机制，形成执法合力，切实维护良好的河湖管理秩序。

细化处罚措施，加大处罚数额，提高政策措施的针对性、威慑力。细化河湖管理措施，打击非法采砂、围垦湖泊等违法行为；细化河湖管理范围内建设项目管理办法，提高其违法违规成本；建立曝光台和黑名单制度，引入社会监督机制；建立责任倒查制度，降低违法事件发生率；细化分解各责任部门在河湖管理工作中的任务和责任，联合公安部门，提高调查、执法工作的刚性。

第七节　涉水建设项目信息化管理

一、涉水建设项目信息化管理概述

随着国民经济发展的不断深入，河道管理范围内跨河、穿河、穿堤、临河的桥梁、道路、管道、缆线等各类非防洪建设项目呈逐年增多的趋势，河道面临严峻的运行安全问题。为确保河道防洪安全，保障人民生命财产安全和经济建设顺利进行，必须加强河道管理范围内非防洪工程建设项目的管理。

实现涉水项目管理信息化，是水利现代化建设的发展趋势和要求。以涉水项目管理需求为基础，根据管理实际情况，建立涉水项目信息化管理系统，对提高涉水项目管理工作的质量和效率，具有很重要的现实意义。

二、江苏省涉河项目管理子系统

江苏省涉河项目管理子系统主要实现省管涉河工程项目统一的信息化管理。系统对涉河项目审批、审核、检查、建设全过程重要信息进行采集、管理、分析，对建设项目进行全过程管理。建立多维度的涉河项目库，在工程的每个重要节点进行信息采集入库，省、市、县水管单位及厅属管理处实时了解许可审批情况；实时掌握涉河建设项目现场建设、监管情况，使现场监管情况与意见在系统上可查询、可跟踪。

（一）模块组成

江苏省涉河项目管理子系统主要由项目基础信息管理、拟建项目管理、在建项目管理和已建项目管理四个模块组成，其中，拟建项目管理模块包括项目申报管理、项目审批管理和开工审核管理三个方面，在建项目管理模块包括在建项目巡查管理、项目复核管理和专项验收管理三个方面，已建项目管理模块包括已建项目年度管理、已建项目巡查管理和违建项目信息管理三个方面，具体见图 8-1。

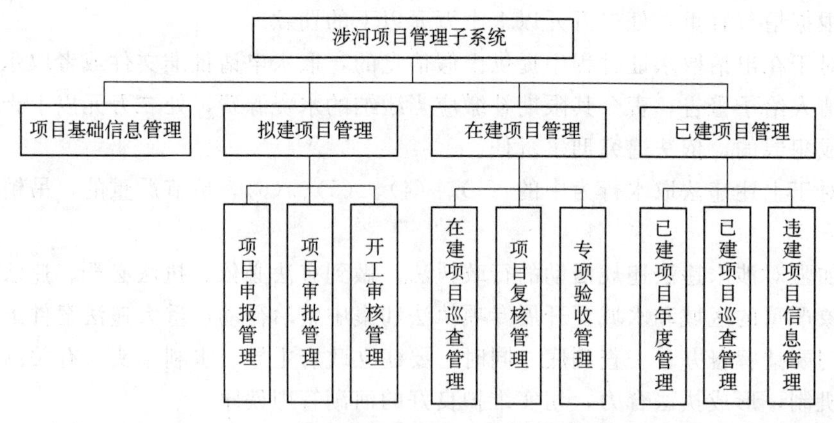

图 8-1　江苏省涉河项目管理子系统模块组成图

（二）功能说明

参考涉河项目的业务管理要求，通过系统建设实现对涉河项目的动态监管。

1. 项目基础信息管理

项目基础信息管理主要是对涉河项目库的数据进行全局性管理，此功能属于较高层级的业务功能。省厅用户可以对建设单位上报录入后的涉河项目库信息进行修改等操作，对于删除则只能标注项目删除状态，所有修改需相关领导审批后才能生效。所有的操作系统将自动对操作细节予以存档，便于审计追溯。修改后系统将自动保存原始数据至历史库。

项目基础信息主要内容如下：

(1) 基本信息：项目主要内容、项目类型、建设单位（个人）名称、建设项目名称、法定代表人、单位地址、业主单位及法人、建设地点、建设占用范围、建设内容、占用期限、施工辅助设施建设等情况，并附具工程设施平面图，标注各重要控制点坐标。

(2) 建设项目所依据的文件。

(3) 占用河道管理范围的情况及该建设项目防御洪涝的措施。

(4) 建设项目对河势变化、堤防安全、行洪输水的影响以及拟采取的补偿措施。

(5) 对于重要建设项目以及在蓄滞洪区、洪泛区内的建设项目洪评报告。

(6) 对水质有影响的建设项目环境影响评价报告。

(7) 涉及取水的建设项目取水许可（预）申请书。

2. 拟建项目管理

拟建项目管理主要包括项目申报管理、项目审批管理和开工审核管理。

(1) 项目申报管理。拟建项目申报管理中由工程单位填报拟建涉河项目的基础信息，系统提供暂存功能，即在未提交时工程单位用户可保存填报的信息，同时在此状态下可以对项目信息进行修改。所有信息提报完成后提交主管单位审批，提交后工程单位用户不再拥有项目信息的修改权限，但可查看项目信息与审批状态。

申请填报以下信息：

1) 项目基本信息。

2) 项目所在地市县对洪评报告的预审意见。

3) 预审过程中产生的拟选址区域现状照片。

4) 录入工程建设位置、界限坐标，实现工程选址可视化。

5) 可与各规划图层进行图层叠加，连接相关属性数据，检查是否符合规划要求，可与已建工程占地图层叠加，检查选址位置是否合理，生成选址及规划符合情况报告。

6) 材料报送时间。

7) 申报材料形式审查情况等。

(2) 项目审批管理。省厅工程主管部门用户可实时查看已提交的项目申报信息，对于未审批的项目申报可进行审批工作，录入相关的信息。工程管理部门可组织专家论证，将专家论证结果录入系统，审批完成后若项目审批通过，则项目信息不可修改；若审批不通过，则项目申报信息退回工程单位，工程单位用户可按审批意见修改项目信息，再次提交审批。

审批阶段录入以下信息：

1) 评审专家信息。

2) 专家意见。

3）技术论证结论。

4）审批单位。

5）审批意见。

6）审批文号信息等。

（3）开工审核管理。开工审核管理中由工程单位填报需开工的涉河项目的相关开工申请资格附件，系统提供暂存功能，即在未提交时工程单位用户可保存填报的信息，同时在此状态下可以对相关开工申报项目信息进行修改。所有信息提报完成后提交主管单位审核，提交后工程单位用户不再拥有项目信息的修改权限，但可查看项目信息与审批状态。

省厅工程主管部门用户可实时查看已提交的项目开工申请信息，对于未审核的项目申报可进行审核工作，录入相关的信息。开工审核完成后若项目开工审核通过，则项目信息不可修改；若项目开工审核不通过，则项目开工申请信息退回工程单位，工程单位用户可按审批意见修改项目开工申报信息，再次提交审核。

开工审核填报以下信息：

1）相关开工资格附件。

2）是否通过施工方案审查。

3）是否通过专项设计方案审查。

4）是否通过位置及界限报验。

5）审核专家信息。

6）专家意见。

7）经审查并完成专家意见修改的施工方案、专项设计方案、位置及界限。

8）是否签订项目占用协议。

9）是否签订施工管理协议。

10）是否签订管理维护协议。

11）是否签订防汛责任书。

12）上传经双方签订的项目占用协议、施工管理协议、管理维护协议、防汛责任书扫描件。

13）专家论证意见。

14）是否颁发开工通知书。

15）上传开工通知书扫描件。

3. 在建项目管理

在建涉河项目管理主要包括在建项目巡查管理、项目复核管理和专项验收管理。

（1）在建项目巡查管理。工程管理部门将对涉河在建项目进行日常巡查和不定期检查，对于发现的问题将问题记录和整改意见录入系统，系统提供暂存功能，即在未提交时巡查用户可保存填报的信息，同时在此状态下可以对相关巡查信息进行修改。录入工作完成并提交后，由领导审批，审批通过则工程单位可查询到问题记录和需整改的意见，整改完成后工程单位针对问题记录逐条录入实际整改情况，提交工程管理部门检查。巡查人员根据项目问题的整改情况进行逐条检查，全部通过后提交检查情况，本次巡查状态将改为已完成。否则将发还给建设单位继续整改。

日常巡查和不定期检查填报以下信息：

1）巡查时间、人员、地点。

2）专项工程落实情况。

3）位置、界限是否符合审批意见。

4）其他不符合要求的建设行为。

5）问题记录与整改意见，各方签字后上传图片至系统。

6）根据不同整改任务时间要求，可以设定下次巡查提醒时间，到设定时间系统会产生提醒信息，提醒巡查人员继续现场检查问题整改情况。

（2）项目复核管理。工程管理部门将对涉河在建项目进行复核，由工程单位填报复核资料信息录入系统，系统提供暂存功能，即在未提交时工程单位用户可保存填报的信息，同时在此状态下可以对相关复核信息进行修改。录入工作完成并提交后，工程管理部门可查询到工程复核资料信息，工程管理部门可组织专家论证，将专家论证结果录入系统。复核审批通过，则项目复核状态将改为已完成，项目信息不可修改；若审批不通过，则项目复核信息退回工程单位，工程单位用户可按审批意见修改项目复核信息，再次提交审批。

项目复核填报以下信息：

1）复核相关资料附件。

2）经测量复核的项目边界。

3）经测量复核的建筑物关键控制点坐标。

4）经测量复核的占用岸线、滩地、水域长度或范围。

5）专家论证意见。

6）复核人员与单位信息。

（3）专项验收管理。工程管理部门将对竣工的涉河在建项目进行专项验收，由工程单位填报专项验收资料信息录入系统，系统提供暂存功能，即在未提交时工程单位用户可保存填报的信息，同时在此状态下可以对相关专项验收信息进行修改。录入工作完成并提交后，工程管理部门可查询到工程专项验收资料信息，工程管理部门可组织专家论证，将专家论证结果录入系统。专项验收审批通过，则项目状态将改为专项验收完成，项目信息不可修改；若审批不通过，则项目专项验收信息退回工程单位，工程单位用户可按审批意见修改项目专项验收信息，再次提交审批。

专项验收填报以下信息：

1）专项验收资料相关附件。

2）是否通过专项工程验收。

3）通过专项工程验收的验收意见。

4）专项工程验收专家信息。

5）是否通过整体工程专项验收。

6）通过整体工程验收的验收意见。

7）整体工程验收专家信息。

8）专项验收资料目录。

9）工程竣工前后图片、影响对照资料。

4. 已建项目管理

已建项目管理主要包括已建项目年检管理、已建项目巡查管理、违建项目信息管理。

（1）已建项目年检管理。工程管理部门将对涉河已建项目进行定期年检，对于年检时发现的问题将问题记录和整改意见录入系统，系统提供暂存功能，即在未提交时工程管理部门用户可保存填报的信息，同时在此状态下可以对相关年检信息进行修改。录入工作完成并提交后，由领导审批，审批通过则工程单位可查询到问题记录和需整改的意见，整改完成后工程单位针对问题记录逐条录入实际整改情况，提交工程管理部门检查。年检人员根据项目问题的整改情况进行逐条检查，全部通过后提交整改检查情况，本次年检状态将改为已完成。否则将发还给建设单位继续整改。

年检填报以下信息：

1）是否办理年检。

2）年检单位与经办人员信息。

3）工程运行是否正常，如异常应说明。

4）是否存在改扩建并已经办理手续，如存在并未办理手续应说明。

5）是否存在批文及协议执行，如存在应说明细节。

6）年检问题清单。

7）整改意见清单。

8）是否要求整改及整改完成情况。

（2）已建项目巡查管理。工程管理部门将对涉河已建项目进行日常巡查，对于发现的问题将问题记录和整改意见录入系统，系统提供暂存功能，即在未提交时巡查用户可保存填报的信息，同时在此状态下可以对相关巡查信息进行修改。录入工作完成并提交后，由领导审批，审批通过则工程单位可查询到问题记录和需整改的意见，整改完成后工程单位针对问题记录逐条录入实际整改情况，提交工程管理部门检查。巡查人员根据项目问题的整改情况进行逐条检查，全部通过后提交检查情况，本次巡查状态将改为已完成。否则将发还给建设单位继续整改。

已建项目巡查填报以下信息：

1）巡查时间、人员、地点。

2）工程运行是否正常，如异常应说明。

3）是否存在改扩建并已经办理手续，如存在并未办理手续应说明。

4）是否存在批文及协议执行，如存在应说明细节。

5）巡查问题清单。

6）整改意见清单。

7）是否要求整改及整改完成情况。

（3）违建项目信息管理。工程管理部门将在日常巡查、年检和不定期检查过程中发现的问题进行定性，若属于违建，则系统自动抽取问题和整改情况，按时间进行整理归档形成违建项目库。工程管理部门可对违建项目信息进行相应的补充和修改，补充和修改在领导审批通过后形成正式信息。

违建项目管理填报以下信息：

1）参照涉河项目填报要求对违建项目相关信息进行完善。

2）定期或不定期对违建项目检查中产生的状态图片或影像资料。

3）区分历史原因形成的半违建项目和未履行审批手续的违建项目。

（三）业务流程

涉河项目管理子系统根据具体项目的状态具有较强的流程性和动态性，通过建立全面的涉河工程项目库，实现涉河工程项目的全流程动态监督与管理，对涉河工程项目进行全生命周期业务的统一管理，同时涉河工程管理业务流程可以根据其项目具体情况进行裁剪定制。涉河工程项目从整个生命周期而言共分为四个阶段，其中拟建工程根据其业务特性可分为审批阶段和开工审核阶段：

1. 拟建项目审批阶段

省管涉河建设项目由建设单位向省水利厅提交申请资料。项目申请受理后由省水利厅组织专家进行技术论证，并将论证结果录入数据库，若通过专家论证则该项目进入涉河工程项目库，否则退回申请单位进行修改后重新申报。涉河项目审批流程见图 8-2。

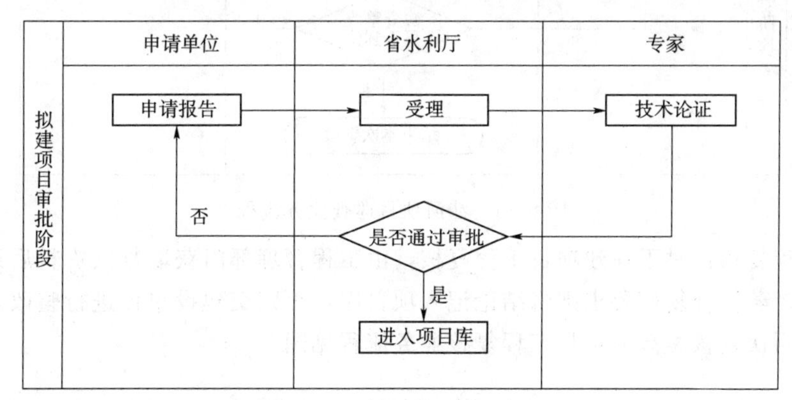

图 8-2 涉河项目审批流程

2. 拟建项目开工审核阶段

建设单位根据实际情况在开工前向水行政主管部门提交开工申请及相应的开工建设资料，水行政主管部门受理后组织专家进行技术论证并予以审核，通过后与项目建设单位签订相关协议，颁发开工通知书准予开工，同时更新项目库中该项目的状态。涉河项目开工审核业务流程见图 8-3。

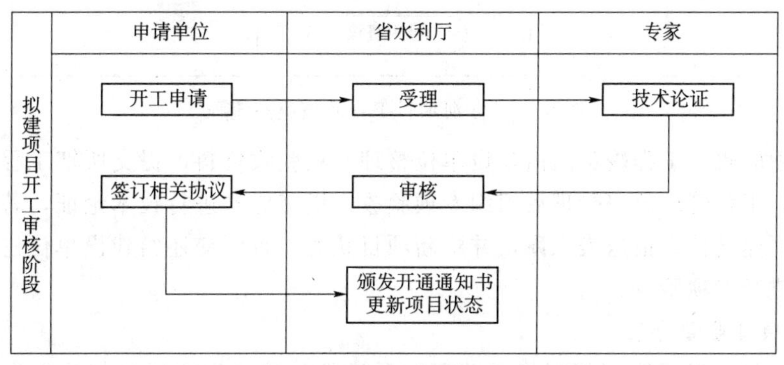

图 8-3 涉河项目开工审核业务流程

3. 在建项目监管阶段

对于在建项目，监管工作包括日常巡查或不定期检查、工程复核以及专项验收三个业务流程。

（1）日常巡查或不定期检查：工程管理部门将对涉河项目进行日常巡查和不定期检查，对于发现的问题将记录在案，同时给出整改意见，通知建设单位进行整改，整改完成后工程管理部门根据项目问题的整改情况进行逐条检查，全部通过后方能结束本次检查工作，否则发还给建设单位继续整改。涉河项目巡查业务流程见图8-4。

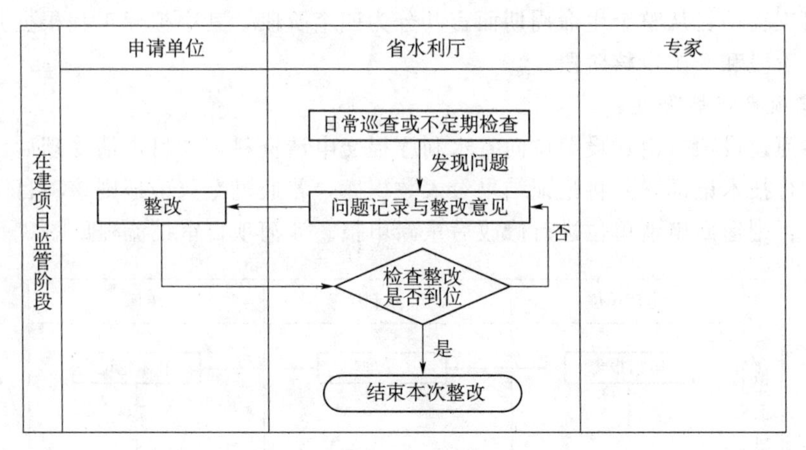

图8-4 涉河项目巡查业务流程

（2）工程复核：对于在建项目工程复核，由工程管理部门获取复核资料后组织专家进行技术论证，若符合复核要求则将结论记入项目库，否则交建设单位进行整改，整改后工程管理部门再次复核。涉河项目工程复核业务流程见图8-5。

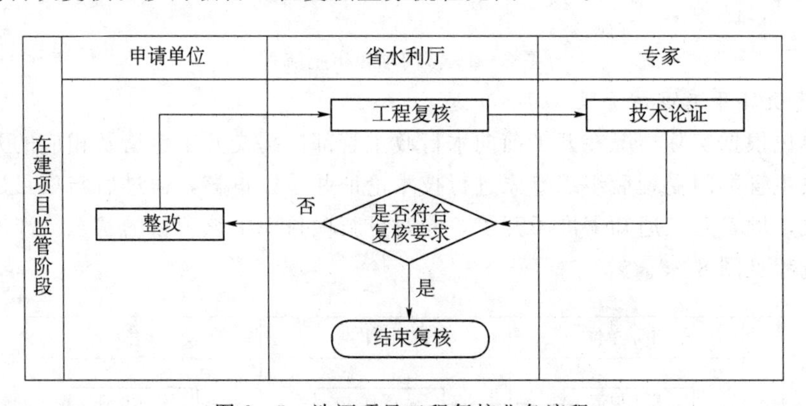

图8-5 涉河项目工程复核业务流程

（3）专项验收：工程竣工后由建设单位整理专项验收资料，提交所辖工程管理部门专项验收申请，工程管理部门受理后组织专项验收，提交专家进行技术论证，若达到专项验收要求则填写建设档案报送表入库，并更新项目状态。否则交还给建设单位进行整改，整改完成后再进行专项验收。

4. 已建项目监管阶段

对已建项目，工程管理部门将对涉河项目进行年检，生成项目年检报告，若发现问题，则记录问题和整改意见发送给相应建设单位进行整改，整改完成后，工程管理部门将根据问题和整改意见进行逐条检验，全部整改到位后形成整改情况报告，否则发还建设单位继续整改。涉河项目年检业务流程见图 8-6。

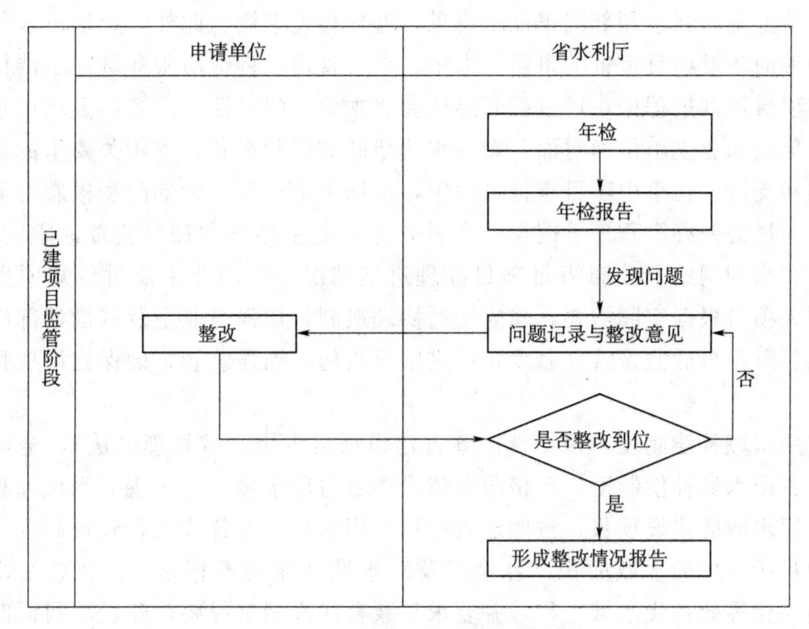

图 8-6 涉河项目年检业务流程

第八节 案例分析——以江苏省金坛市为例

金坛水利作为江苏水利的一部分，积极响应水利部、省厅的号召，从拓展水利发展的内涵、转变水利服务社会的职能入手，推进水利现代化建设，深入研究河湖管护的新模式新方法。

根据《江苏省建设项目占用水域管理办法》和江苏省水利厅规定的受理、审批权限规范涉河建设项目审批流程，金坛市水利局将进一步严格加强涉河建设项目审批管理和后续监管，将金坛市骨干河道、饮用水水源地、自然保护区等水域纳入重要水域实施重点保护，强化建设项目主要环节控制，严格项目检查监督，最大限度减轻涉河建设项目对河道堤防、河势稳定和水环境的影响。

落实水工程建设规划同意书制度和涉水建设项目审批制度，监管涉水建设项目过程。金坛市严格执行水工程建设规划同意书、涉河建设项目审查、洪水影响评价、入河排污口审批等制度。按照国务院加快转变政府职能的要求，将河道管理范围内建设项目位置和界限与工程建设方案一并审查审批。规范审查程序，明确审查标准，依照审批权限对涉河建设项目和活动进行严格审批。对于临河道建设项目实施严格的许可制度，凡在河道管理范围内建设的项目，坚持实地勘察，专家论证，方予许可。同时，金坛市健全涉河建设项目审批公示制度，加强涉河建设项目全过程监管，做到源头严防、过程严管。加强水域管理与保护，防止现有水域面积衰减，并采取有效措施确保基本水面率不降低。建设项目占用水域，实行保护生态、分类管理、严格控制、等效替代的原则。占用河道的业主自觉到水利局办理河道临时占用手续；对于一些较大的项目，业主按照相关规定提供《建设项目防洪影响评价报告》；规划部门在临河项目规划时发送征求意见函；交通、国土等多部门在涉水建设事项上主动到水利部门来征求意见，办理相关手续。此外，金坛市水行政主管部门积极做好涉河建设项目审批的事前、事中、事后管理，将优质服务贯穿于严格管理的全过程。事前项目审批过程中，通过召开恳谈会、主动上门对接等形式，金坛市水行政主管部门与相关部门和业主单位面对面，做好水法律的宣传和水利技术相关要求的解释，取得他们的理解和支持。在事中项目审批过程中，金坛市水行政主管部门积极履行职责，严格项目许可；通过公开办事程序、时限、条件，方便业主办事和社会监督，印发办事手册、发送信息、在水利网站上公布审批项目办理进展情况等，向业主及时告知项目办理的情况；一些重大项目根据实际需要，建立沟通协调机制，加强与业主及其设计部门的沟通交流。完善项目审批事后监督管理制度，引进中介机构，加强监管，确保建设项目严格按章实施。

落实占用水域补偿制度。根据《江苏省建设项目占用水域管理办法》，金坛市全面落实建设项目占用水域补偿制度，严格限制建设项目占用水域，防止现有水域面积衰减。经审批确需占用水域的建设项目，按照建设项目占用水域等效替代工程建设制度，要求建设单位根据项目所占用的水域面积、容量以及对水域功能的不利影响，在金坛市（镇、街道）范围内兴建等效替代水域工程，并要求等效替代水域工程要与建设项目同时设计、同时审查、同时完工投用，对河湖水域进行严格的保护。

建立考核制度，实现分级负责制。制定实施《金坛市河湖管护执法巡查考核制度》，规范水政执法巡查工作。实行执法巡查分级负责制，各执法中队负责人对执法巡查工作负领导责任，巡查人员对执法巡查工作负直接责任，各执法中队内部划定具体巡查责任区域，实现巡查责任到人。对在责任区域内出现新的违法行为，没有及时发现、报告，甚至隐瞒不报的，追究责任人责任。

落实责任追究制度。市水行政主管部门注意加强管辖范围内河湖管理工作的检查督导，按照“谁监管、谁负责”的原则，严格责任落实和责任追究，对河湖管理混乱、问题突出以及执法严重不到位的要追究相关单位和人员的责任。强化落实河湖资源损害赔偿和责任追究制度，严肃查处违反水法律法规的水事违法行为。

整治非法涉水活动。金坛市全面加强对涉河涉湖违法违规建设项目和活动的行政执法力度，严厉打击违法违规行为，做到有法必依、执法必严、违法必究，维护金坛市河湖正常水事秩序。在试点期内，水事案件的发现率和查处率达到100%，结案率力争达到100%。针对违法现象严重的区域和水域开展专项执法和集中整治行动，开展重大案件省、市挂牌督办，一查到底。同时，借助媒体作为平台，围绕节水、水环境整治、河湖保洁等内容拍摄公益性广告，曝光涉水违章行为，加大水法律法规的宣传。

涉水建设项目信息化管理。金坛市落实河湖日常巡查责任制，加强河湖日常巡查管理信息化建设管理，加强河湖巡查人员培训考核。针对河湖管理范围大、战线长、任务繁重等特点，逐步建立视频监控、遥感监测、GPS定位等信息化管理手段，及时发现涉水违法行为，把违规违法水事件化解在萌发阶段，大大减少违规事件发生。2014年编制并实施

《金坛市水利信息化实施方案》，同时开始编制《金坛市水系规划》《金坛市防洪除涝与水系整治规划》《金坛市水资源综合规划》《长荡湖清淤总体实施方案》《长荡湖生态修复及出入湖河道整治实施方案》，为指导水利建设、加强规划管理提供了科学依据。

上述案例表明，金坛市作为河湖管护体制机制创新试点，积极推行“河长制”这一河湖管理体制的改革创新措施，为加强河湖管理与保护作出重大决策部署。金坛市为加大河湖水域岸线管护力度，通过严格涉河建设项目审批，加强涉河建设项目过程监管，落实占用水域补偿制度、分级管理与责任追究制度，严厉打击违法涉水活动，强化了涉河建设项目管理，加强了河湖空间管控和科学监测，避免了因未严格按审批的方案实施，在建设过程中损毁防洪工程，而形成影响河道行洪障碍等一系列问题，对切实推进河湖水域岸线管理与保护现代化，实现以健康完整的河湖功能支撑经济社会的可持续发展具有重要的意义。

第九章

河湖环境保护与水文化传播

改革开放以来，我国沿江、沿河、沿湖等滨水地区往往是经济和人口的密集地区，经济、人口快速发展的同时也给区域水环境带来了巨大压力，区域水环境问题已成为影响人民生活质量、制约经济进一步发展的重要因素。

2015年《水污染防治行动计划》中指出，应大力推进生态文明建设，以改善水环境质量为核心，按照“节水优先、空间均衡、系统治理、两手发力”原则，贯彻“安全、清洁、健康”方针，系统推进水环境污染防治与水生态修复。2016年《关于全面推行河长制的意见》中指出，各级河长负责组织领导相应河湖的管理和保护工作，包括水环境污染防治、水生态修复等工作。水文化概念的提出和研究兴起于20世纪80年代末，2011年出台的《水文化建设规划纲要》为加强水文化建设提供了指导思想、目标任务和建设路径。党的十九大更是明确提出了要加快生态文明体制改革。加强河湖水环境污染防治与水生态修复，进一步推动水文化传播，是维护河湖生态环境，实现河湖环境整洁优美、水清岸绿，促进生态文明建设的重要手段。

本章主要探讨河湖环境保护与水文化传播，从水环境污染防治工作的体制机制与防治措施对水环境污染防治进行阐述；从水源涵养、河岸带及湖滨带生态保护与修复、湿地生态保护与修复、河湖水系连通、重要生境保护与修复、水生态综合治理等方面探讨水生态修复的措施；分析水文化传播存在的问题，从体系、内容、制度与载体等方面总结水文化传播的途径及方式。

第一节　水环境污染防治

随着经济高速发展、人口急剧增长以及城市化进程的加快，我国的水环境呈现出恶化的趋势，主要河流有机污染普遍，主要湖泊富营养严重。水污染加剧了水资源的短缺，水环境状况令人担忧。近年来，我国水环境污染突出表现在以下方面：水污染状况普遍，水污染总体“治大于防”且治理效率低，水源安全存在隐患，水资源利用率低，水生态遭到较严重的破坏等，给人类的生产生活以及社会的可持续发展带来了巨大的影响。因此，水环境污染防治工作迫在眉睫。水污染防治指出应统筹水上、岸上污染治理，完善入河湖排污管控机制和考核体系。排查入河湖污染源，加强综合防治，严格治理工矿企业污染、城镇生活污染、畜禽养殖污染、水产养殖污染、农业面源污染、船舶港口污染，以改善水环境质量。优化入河湖排污口布局，实施入河湖排污口整治。水环境治理突出强调要切实保障饮用水水源安全，加大黑臭水体治理力度，综合整治农村水环境，实现河湖环境整洁优美、水清岸绿，推进美丽乡村建设。《水污染防治法》中指出：水环境污染防治应当坚持预防为主、防治结合、综合治理的原则，优先保护饮用水水源，严格控制工业污染、城镇生活污染，防治农业面源污染，积极推进生态治理工程建设，预防、控制和减少水环境污染和生态破坏。

一、水环境污染防治工作体制机制

（一）完善水环境污染防治的顶层设计

按照生态文明建设和绿色发展的要求，针对我国河湖水域岸线水环境治理中存在的突出问题，进一步完善我国河湖水环境污染防治的顶层设计，尽快形成河湖水环境污染防治新模式。主要体现在：一是按照“职能不变、各司其职”的要求，建立河湖水环境污染防治部门间和地区间协作机制，在河湖水环境污染防治方面形成合力。二是加快完善有利于河湖水环境污染防治的基础支撑体系建设，为推进河湖水环境污染防治提供科学依据和法理依据。加快推进自然资源资产产权制度建设，开展区域资源环境承载力评价，摸清不同区域的污染物排放总量和类别，探索推进区域污染物排放总量配额配置工作，加快完善环境相关领域的法律法规。三是进一步拓展河湖水环境治理的资金来源渠道，形成以财政资金为主、社会多方参与的河湖水环境污染防治资金来源渠道。

（二）落实水环境污染防治的主体责任

各级人民政府是所辖行政区流域水环境综合治理与保护的责任主体，对本辖区河湖水环境污染防治负总责，主要领导和有关部门负责人是本辖区和本部门河湖水环境污染防治的第一责任人，切实做到认识到位、责任到位、措施到位和投入到位，实现本行政区域的环境治理目标。国务院有关部门是河湖水环境污染防治工作的责任主体，要加强管理，完善河湖水环境污染防治的经费管理，强化事中事后监管，进一步明确权力清单和责任清单，加强对地方业务的指导。

各级人民政府作为该辖区的水环境污染防治工作责任主体，要组织制定具体实施方案，全面落实“河（湖）长制”，沿河（湖）各省、市、县、乡、村主要负责人担任辖区内河（湖）的河（湖）长，明确职责和目标任务，实现“河（湖）长制”全覆盖，并组织相关行业部门，加强司法联动，有针对性地制定具体工作措施，协同推进河湖水环境污染防治，形成强大工作合力。

企事业单位和生产经营者要全面落实排污者责任。排放污染物的建设项目要依法开展入河排污口设置论证、环境影响评价，严格履行环境保护“三同时”制度，依法申领入河排污口设置同意文件及排污许可证。排污单位要严格实施排污许可管理，按污染物排放标准和总量指标持证排污，禁止无证排污或不按许可证规定排污。排污单位要持续开展清洁生产审核和节能降耗技术改造，优先使用清洁能源，采用资源利用率高、污染物排放量少的工艺、技术、设备，使用低耗高效的污染物防治设施，从源头减少污染物排放。要严格按照有关规定缴纳排污费，对污染物排放浓度高于排放限值或排放量高于总量指标的，要加倍征收排污费。要加强信息公开，按规定安装使用自动检测设备，保障正常运行，如实向社会公开其排放污染物的名称、排放方式、排放浓度和总量情况，自觉接受社会监督。

（三）提升水环境污染防治的科技支撑能力

针对水环境污染防治中存在的关键技术问题，选择一批技术成熟、治理效果好、有推广基础、能够落实的应用技术，作为水环境污染防治的重要技术推广应用，不断提升水环境污染防治的科技支撑能力。

加强国家环保科技成果共享平台建设，推动技术成果共享与转化。发挥企业的技术创新主体作用，推动河湖水环境污染防治重点企业与科研院所、高等学校组建产学研技术创新战略联盟，示范推广控源减排和清洁生产先进技术。整合科技资源，通过各项国家科技计划（专项、基金等），加快研发重点行业河湖水环境治理新技术，促进“政产学研用”之间的良性互动与合作，共同推进水环境综合治理。

（四）构建水环境污染防治的公众参与机制

开展多种形式的宣传教育和公益活动，努力提高全社会的水环境保护意识，形成保护水环境的良好氛围。把水环境保护纳入国民教育体系，提高公众对经济社会发展和水环境保护客观规律的认识。倡导绿色消费新风尚，开展环保社区、绿色学校、环保家庭等群众性创建活动，法规培训和咨询。邀请第三方全程参与重要环保执法行动和重大环境污染事件调查。健全环境违法举报制度，充分发挥“12369”环保举报热线和网络平台作用。限期办理群众举报投诉的环境问题，并通过公开听证、网络征集等形式，充分听取公众对重大决策和建设项目的意见。在水环境敏感地区，先行推进环境公益诉讼试点。

二、水环境污染防治的措施

（一）深化工业污染防治

1. 加快淘汰落后产能

各地要严格执行国家部分工业行业淘汰落后生产工艺装备和产品指导目录、产业结构调整指导目录、工业和信息产业结构调整限制、淘汰目录和能耗限额，围绕水质改善目标，结合转型升级要求，制定并实施分年度的落后产能淘汰方案。

2. 严格环境准入

根据流域水质目标、主体功能区划、生态红线区域保护规划要求，分区域、分流域制定并实施差别化环境准入政策，建设项目主要污染物排放总量实行严格的等量或减量置换。

3. 优化产业布局

开展河湖水域岸线利用现状调查，严格水域岸线用途管制，关停耗水量大、污染严重、治污代价高的企业。

4. 加强船舶港口污染控制

开展沿海、内河港口、码头、装卸站、船舶修造厂废水治理与废弃物处理设施基本情况调查，编制实施港口码头装卸站污染防治方案。

5. 加强工业废水控源截污和排污口整治

组织有效力量对河湖岸线沿线进行全面复查及日常巡查，严格查处各类违法行为。严格控制河湖排污总量，落实到每个排污口上，对违规排污进行封堵，对沿岸的排放口逐一排查，封堵排污口。

（二）提升城镇生活污水处理水平

1. 加快城镇污水集中处理

通过财政预算和其他渠道筹集资金，统筹安排建设城镇污水集中处理设施及配套管网，全面推进城镇污水处理设施建设，加快推进建制镇污水处理设施全覆盖，提高行政区域城镇污水的收集率和处理率。有条件的地区可在污水处理厂末端增加人工湿地，进一步提高污水处理效果。

2. 推进城镇雨污分流管网建设

加快现有合流制排水系统改造，全面开展城镇建成区污水收集和处理现状排查，制定管网改造计划，优先推动城中村、老旧城区和城乡结合部的污水截流、纳管，难以进行改造的，应采取截流、调蓄和治理等措施。

3. 加强污泥处理处置

遵循区域统筹、合理布局原则，按照“减量化、稳定化、无害化、资源化”要求，强化源头减量，加快建设区域性城镇污水处理厂污泥综合利用或永久性处理处置设施。

4. 截断污染源控制雨水口污染

城市非机动车道、小区内道路、园林道路等采用透水型铺装，在空隙中种植草类，铺设绿地都是截留污染物的方式。禁止任何人向雨水口内倾倒垃圾和污水。定期对积累在雨水口的杂废物进行清理。

（三）推进农业农村污染防治

1. 强化畜禽养殖污染治理

按照“种养结合、以地定畜”的要求，科学规划布局畜禽养殖，合理确定养殖区域、总量、畜种和规模，以充足的消纳土地将处理后的畜禽废弃物就近还田利用。

2. 加强生态渔业建设

深入实施水域滩涂养殖规划，对禁养区和限养区严格依法依规管理，在宜养殖区科学确定养殖地点、品种和模式，大力推广生态渔业、增殖渔业、循环渔业等，对渔业产业结构进行合理调整。

3. 控制种植业污染

在丘陵等缺水不适宜农业种植的区域实施退耕还林、退地减水。地下水易受污染的地区要优先种植需肥需药量低、环境效益突出的农作物。地表水过度开发、地下水超采问题较严重、农业用水比重较大的地区，要适当调减用水量较大的水稻、小麦种植面积，改种耐旱作物或经济林。

（四）加强水资源保护

1. 控制用水总量

实施最严格的水资源管理制度，建立覆盖省、市、县三级行政区域的取用水总量控制指标体系。

2. 提高用水效率

建立健全万元地区生产总值水耗指标等用水效率评估体系，把节水目标任务分解至省市县及各领域、行业，将完成情况纳入地方人民政府政绩考核。

3. 抓好工业节水

执行国家鼓励和淘汰的用水技术、工艺、设备、产品目录及高耗水行业取用水定额标准，开展节水诊断、水平衡测试、用水效率评估，严格用水定额管理。

4. 清理河湖垃圾

由相应的省、市、县级河湖管理机构负责长效管理，配备河湖管护船和专职管护人员每天进行河湖保洁工作，清除河湖漂浮垃圾。定期安排对繁殖过快的水生生物进行打捞和处理。

5. 河湖淤泥疏浚

采用抛泥法、吹填法、机械脱水法、热处理法等方式定期对河湖淤泥进行疏浚。

（五）健全环境管理制度

1. 深化污染物排放总量控制制度

按照国家相关要求，完善河湖水域岸线污染物统计监测体系，各地按照区域、流域总量控制目标，结合水环境质量改善和产业结构调整要求，兼顾技术经济水平，统筹确定控制单元内排污单位的总量控制额度。

2. 严格环境风险控制

全面调查河湖水域岸线区域范围内的工业企业、工业集聚区等基本状况，以排放重金属、危险废物、持久性有机污染物和生产使用重点环境管理危险化学品的污染源为重点，建立重点风险源清单，逐步开展重点风险源环境和健康风险评估。

第二节 水生态修复

水生态文明是生态文明的核心组成部分，是生态文明的水利载体，也是城市未来发展的必然趋势。水生态修复工作就是要坚持人与自然和谐相处，立足于保护生态系统的动态平衡和良性循环，通过水资源的科学规划、合理配置、高效利用、全面节约、有效保护，遏制局部地区水生态系统失衡趋势，保持水生态系统的健康。

水生态修复的措施主要包括水源涵养、河（湖）岸线生态保护与修复、湿地生态保护与修复、重要生境保护与修复、河湖水系连通、水生态综合治理等六大类。

1. 水源涵养工程

水源涵养工程主要针对存在水源涵养功能下降、生物多样性下降等生态问题的河湖源头区，开展围栏封育、林草建设、生物固沙、退化草地治理等水源涵养治理措施，提高其水源涵养能力。

2. 河（湖）岸线生态保护与修复工程

对城市河段、河岸坍塌段岸边带及部分湖滨带，实施生态护岸工程、浆砌石护坡生态修复工程、绿色景观建设工程及植被缓冲带建设工程等。

河（湖）岸带生态修复工程主要包括规范社会经济活动，限制不合理开发和开垦，保护重点生态敏感河湖段和城镇河湖段岸边带植被。通过对河（湖）岸带实施蜿蜒度保护、生态护坡建设、沿河（湖）绿化带建设、植被缓冲带建设等措施来恢复和保护河湖沿岸生境，增强河湖横向连通性。

3. 湿地生态保护与修复工程

以保护天然湿地资源，满足重要湿地生态用水，修复受损的河滨、湖滨、河口湿地为目标，针对不同区域湿地特征，采取不同的修复措施。主要包括湿地封育保护、退耕还湿、湿地补水、生物栖息地恢复与重建等工程。

4. 重要生境保护与修复工程

主要针对鱼类栖息繁殖较多的重要河（湖）段开展保护与修复，提出包括洄游通道保护、天然生境保留河段、生境替代保护、"三场"保护与修复、河流连通性恢复措施及增殖放流、人工鱼巢建设等要求。

5. 河湖水系连通工程

通过生态护岸建设、河道清淤、疏通等措施，改善河流（湖泊或水库）的连通性，补充生态水量，增加水面面积，新增或改善湿地面积。在水系连通实施过程中，采取近自然的生态治理技术，将治水实践中的新认识、新做法、新经验升华为文化层面的认知，挖掘水文化资源，弘扬特色水文化，促进河湖自然面貌的恢复，维护河湖水生态系统，营造沿河、沿湖人文环境和健康宜居环境。

6. 水生态综合治理工程

针对同时面临着水量短缺、水质污染、生境破坏、萎缩及功能退化等多种问题的河湖，实施单一措施难以有效改善河湖生态环境，需要采取河道清淤整治、河岸带建设、生境营造及湿地保护等水生态综合治理等措施。

第三节 水文化传播

完善水景观格局，继承和传播水文化，是河湖水域岸线管理和保护的重要内容之一。当前我国新常态下的水文化研究紧紧围绕习近平总书记新时期治水思想系列重要讲话精神，大力推进生态文明建设。水文化重在建设，成在传播。水文化传播的功能主要是传承水文化、创新水文化、享用水文化。

近年来，我国水文化传播取得了一定进展，主要包括国家与地方政府建设的一些博物馆、水利先贤塑像和水文化纪念场馆等；创办了一些刊物和文化网站，出版了《汉水文化研究集刊》《中华江河文化》等有着区域特色的研究作品；利用世界水日、中国水周等节日开展水文化宣讲活动，同时传播水文化和惜水、节水、水资源保护的意识等，在各地各领域基本形成了一支水文化研究队伍，在水利实践中，水利行业精神得以彰显。水文化的传承越来越受到社会公众的关注，水资源的保护意识、水资源节约意识、水危机意识、水忧患意识等都得到了不同程度的提高。但是，目前的水文化传播所取得的成绩并没有达到预期的效果，还有着较大的差距，水文化传播存在的问题可以大致归纳为：领导不够重视、传播内容单一、传播方法单一、手段落后、传播活动载体单一等。

以党的十九大精神来引领水文化的建设，结合中国特色社会主义文化建设的基本要求，挖掘水之魂、弘扬水之德。同时，为将"水文化"建设成果用有效的方式方法传播出去，惠及群众，服务社会，需要采取合适方法，具体如下：

1. 加强水文化传播的领导

水文化传播是水文化建设的重要组成部分，要高度重视水文化传播，加大对水文化的领导建设力度，把发展和繁荣水文化列为各级政府当前工作的重点。首先，领导干部要在思想上重视水文化传播；其次，要建立健全工作机制和领导体制；最后，建立分工负责、齐抓共管的工作格局。

2. 加强传播队伍建设

人才是国家发展的根本，社会进步的保障。队伍建设直接关系到整个水文化传播活动的效果。他们直接从事水文化传播，直接接触水文化大众传播媒介和载体，在舆论导向方面会对水文化传播产生直接影响。打造一支高素质的水文化传播队伍，是水文化传播顺利开展的重要保证，是水文化传播任务切实落到实处的重要保障。

3. 建立多元化的资金投入体系

资金投入是保障水文化传播顺利开展的重要物质基础。水文化传播是一项浩大又复杂的活动，需要投入大量的资金作保障。但是，当前的水文化传播资金投入状况并不乐观，使得水文化传播工作难以顺利有序地展开。因此，要拓宽水文化传播资金的筹措渠道，建立国家、个人和社会相结合的多元化投入体系来促进宣传水文化。

4. 加强水文化研究，丰富传播内容

中华水文化博大精深，但是水文化研究在我国起步比较晚，还处于研究的初级阶段，仍然还有许多潜在的水文化没有被挖掘出来。因此，加强水文化研究是水文化传播的重要内容和基础。针对我国水文化传播内容存在的问题，需要努力兼顾好以下几方面的工作：第一，要发掘和整理我国优秀的水文化；第二，要加强对其他国家优秀水文化的研究，吸收外来成功的经验；第三，要特别重视结合当代伟大水利实践和现代化建设对当代水文化价值的研究。

5. 培育有利于水文化传播的制度文化

作为水文化的一个重要组成部分，制度文化对水文化传播有着重要的强化作用。水文化传播不应该成为功利性的行为，而应作为水利管理事业的一个重要组成部分。水管单位需建立“责、权、利”相互协调、相互统一的制度文化体系，并不断进行完善和创新，以制度文化建设为依托，继承和发扬优秀的传统水文化，发展现代先进水文化，并以水文化的充实来促进水利管理制度的建设，推动各项水利的管理工作健康有序运行。因此要多措并举、多管齐下，使水文化的建设与传播步入规范化、制度化的良性轨道，为水文化传播营造良好的制度文化氛围。

6. 丰富水文化传播活动的载体

水文化载体是开展水文化传播活动的重要表现形式，是广大群众直接了解水文化的重要途径。丰富水文化传播活动的载体，既要抓软件建设，又要抓硬件建设，要立足我国现阶段的实际情况，按照“三贴近”原则的要求，明确目标，突出重点，大胆尝试，充分运用先进的技术手段丰富水文化的生产方式和表现形式，不断丰富水文化活动载体的种类、风格、样式，增强水文化传播的感染力和吸引力，努力做到把握规律性，体现时代性，富于创造性。

7. 培育水文化市场

发展水文化产业事关社会经济发展和国计民生，培育水文化市场不仅是为了适应国民经济的发展要求，也是为了满足人们的精神需求。水文化市场的培育就是为了水文化产业的发展谋求更为广阔的空间，寻求新的发展道路。培育水文化市场可以从以下几个方面考虑：首先，加强对水文化产业的宣传，增强发展水文化产业的意识；其次，挖掘产业资源，打造特色水文化产品；再次，加强政府扶持力度，创造良好水文化产业环境；最后，完善融资体系，培育市场主体。

第四节　案例分析——以青祝河为例

青祝河位于武澄锡虞区腹部、江阴市南部地区，为江阴市市级河道。河道总长20.6km，涉及镇区自西向东有青阳镇、徐霞客镇、祝塘镇、华士镇，两岸主要分布有企业厂房、居民区、农田等。围绕水环境污染防治、水生态修复和水文化传播等三方面内容，从河道管理与保护着手，提出了青祝河河道管护措施。

一、河长制管护体制机制

青祝河自2007年起推行河长制，2009年江阴市委市政府印发《江阴市河长制考核暂行办法》，2012年中共江阴市委、江阴市人民政府下发了《江阴市河长制考核办法》（澄委发〔2012〕44号），提出要全面推进河道长效管理。

江阴市市政府成立了河长制管理工作领导小组，由市长任组长，分管副市长任常务副组长，水利、建设、交通、农林、环保、城管等部门为成员单位。领导小组下设办公室，办公室设在市水利农机局，牵头负责河长制日常管理和考核工作。各镇（街道）都建立了河长制工作管理责任体系，设立了责任公示牌。青祝河河长制管理部门及管理内容见表9-1。青祝河沿线乡镇河长制指定的“一河一策”管理内容见表9-2。

表9-1　青祝河河长制管理部门及管理内容

管理部门	管 理 内 容
水利农机局	1. 牵头负责全市河长制管理工作，负责市级河道长效管理，包括调活水体、河道保洁、清淤、河道整治和水系沟通以及水生植物的控制等； 2. 负责河道巡查、河道保洁
公用事业局及各属地政府	1. 负责河道污水管网建设维护工作； 2. 负责河道沿线生活污水排污口封堵
农林局	1. 负责加强农业面源污染控制、加强畜禽养殖业整治； 2. 实施河道绿化及河道沿线防护林带建设
住建局	1. 负责城市雨水管网建设维护，完成沿河村庄环境整治； 2. 加强涉河建设项目工地管理，严格建筑泥浆管理，严禁建筑泥浆排入河道
环保局	1. 负责制定水质监测方案并组织实施，规划建设水质自动监测站，及时掌握水质变化情况。加强断面水质监测，对重点断面进行每月1次的全覆盖监测，分析水质变化原因，对监测结果进行考核评分，并将考核结果及时上报市河长办； 2. 全面开展COD、氨氮、总磷污染源监测，研究、落实COD、氨氮排放总量削减方案，促进水质改善； 3. 加大企业排污的监管和巡查力度，严肃查处违法排污行为，提高排放废水达标率
交通运输局	1. 负责加强通航河道船舶污染防治和监督管理，做好沿河集中停靠船舶的污染治理和水泥“住家船”的清理工作； 2. 加强泥浆水上运输的审批和管理； 3. 根据任务完成航道驳岸整修工程
城管局	1. 负责河道两侧无乱搭建、乱堆放、乱倾倒、乱设广告牌、乱涂写等现象； 2. 加强涉河建设项目工地管理，严格渣土、泥浆管理，严禁抛冒滴漏现象

表 9-2 青祝河沿线乡镇河长制管理内容

治理方面	1. 加强污水入河管控，杜绝工业污染偷排、直排，完善河道周边雨污水管网收集系统； 2. 完善河道周边生态修复，提升两岸景观绿化； 3. 加大换水冲污力度，提升断面水质。
管理方面	1. 加强控源截污管网的养护管理，防止跑冒滴漏； 2. 加强涉河违法行为的查处力度，做好沿岸违建控制； 3. 推进沿河产业转型升级，做好高耗能高污染企业的关停工作； 4. 广泛开展环境、河流管理宣传，发动群众积极参与河道管理

二、水环境污染防治与水生态修复实践

青祝河水生态环境在大区域水环境的影响下，自 20 世纪 80 年代以来，由于城镇建设的侵扰、水生态系统没有得到有效保护，河道水生态系统功能受到影响。但是随着水生态文化的弘扬和生态文明建设的推进，江阴市实施了一系列水环境污染防治与水生态修复的实践，社会经济的发展对水生态的不良影响逐渐得到遏制，水生态环境状况总体呈现好转的趋势。

青祝河管理部门采用水功能区水质达标率进行水环境状况评估，青祝河水质目标为Ⅳ类水，2014 年、2015 年、2016 年水功能区达标率分别为 66.7%、72.2%、91.7%。2017 年上半年度断面水质考核得分为 29.6，与 2016 年同期相比提升了 0.02。

（一）排污口控制及水质检测

目前，青祝河沿线排水口总数为 336 个，其中工业污水排放口 4 个，污水处理厂尾水排放口 2 个，生活污水排放口 149 个，雨水排放口 181 个。水利部门牵头，环保、建设等部门积极配合，由青祝河沿线所在镇政府实施排污口封堵，对保留的排污口设置编号牌，加强监管。目前环保部门定期对入河排污口进行水质监测，并对污水处理厂的排污口实行远程在线监测；对水功能区断面水质实行每 2 月一次的全覆盖监测，发布水质监测通报，并在《江阴日报》逐月公布各镇排名；对沿长江 3 个集中式饮用水源地实行每月一次水质监测，并发布水文情报。

（二）河道长效保洁

江阴市河道管理处于 2005 年 3 月在全市范围公开招聘了专职河道协管员，划河包干，统一调度。河道协管员负责责任段河道的日常巡查及垃圾、水草清除，对向河道内和河坡上倾倒生活或建筑垃圾、排放各类有毒有害物质、堆放物料、违章建筑、砍伐树木和取土等行为予以制止并及时上报。通过管护队伍的日常保洁，保持较好的河道容貌。2007 年配置了保洁船，实行以水带岸式的管理，扩充了河道协管员。保洁船配有垃圾堆放舱和机动药物治理机等专业设施，按照划分的保洁区域，全天候巡视保洁，并有针对性地参与镇村河道的突击性保洁和清障工作。江阴市河道管理处在青祝河处共配备 4 条河道管护船（分别为青阳 10 号、霞客 11 号、祝塘 16 号、华士 18 号）及 16 名专职管护人员每天进行河道保洁工作，清除河道漂浮垃圾。由于河道水质富营养化，青祝河部分河段（祝塘、华士部分河段）水葫芦繁殖较快，为此定期安排对青祝河水葫芦的打捞和处理。

（三）河道淤泥疏浚

青祝河最早于 1958 年进行了疏浚，进入 21 世纪后，随着江阴市城市化进程和新农村

建设进程的推进，对照江阴水利现代化的要求，必须加快实施青祝河等骨干河道的整治工程，改善江阴市南部地区水环境，提升沿线居民生产生活质量，适应新农村建设和城市化进程的需要。2008年对锡澄运河—霞客大道段河道进行疏浚整治，余下河道共分为三段列入中小河流治理规划中，于2012—2014年分期实施。2012—2013年实施青祝河整治人民桥—张家港河段，主要内容包括整治河段清淤48966m^3。2013—2014年实施青祝河整治霞客大道—公益桥段及公益桥—人民桥段。其中霞客大道—公益桥段自徐霞客镇与青阳镇交界处霞客大道至徐霞客镇公益桥，整治河段长约6.23km，清淤140809m^3。公益桥—人民桥段自祝塘公益桥至人民桥河段，整治河段长约5.46km，清淤114800万m^3。

根据青祝河水质情况及实际淤积情况，采用挖泥船清淤的方式定期安排河道疏浚，一般5年进行一次。并通过引水、曝氧等措施选择部分河段进行生态修复，创造水边和水中生物多样性环境。

三、水文化传播实践

考虑青祝河周围文化古迹，如芙蓉湖、霞客故里马镇、胜水桥、芙蓉湖国家级水利风景区等，充分挖掘和保护文物古迹特别是水文物古迹，与景观规划相结合，积极打造青祝河文化景观风貌轴，弘扬、传承及传播水利文化。

上述为实现青祝河环境保护与水文化传播而开展的行动，充分体现了江阴市全面贯彻落实“河长制”和水利部关于加强河湖管理工作的指导意见，注重水污染防治，对点源、面源及内源三方面的治理投入了大量人力物力；注重水环境治理，建立合适的调水引流线路，改善河道水环境状况；注重水生态修复，重点打造青祝河水生态功能保护区，加强河道生态建设及修复；注重水文化传播，不断提高对水域空间的文化品位和景观要求，完善水景观格局。以此维护河湖健康生命，推进水生态文明建设。

第十章

河湖管理与保护评价

河湖是集水利、农业、航运及环保等功能为一体的综合性社会公共资源，河湖管理与保护是一项事关民生的重大工作。加强河湖管理与保护有助于促进我国发展战略的顺利开展和实施，确保经济社会可持续发展。河湖管理与保护评价是分析河湖管理与保护措施的实施效果、督察管护主体责任落实情况的重要手段，是科学辨识河湖管理与保护存在的问题及河湖健康的基本途径，是推进河（湖）长制的重要任务，建立科学合理的河湖管理与保护评价体系具有十分重要的意义。

本章从“管理基础保障”“管理能力与水平”“管理成效”三方面出发，阐述构建河道管理评价指标体系的思路，在此基础上提出河道、湖泊管理指标体系构建思路，探讨河湖管理评价标准和指标体系权重确定方法，阐述河湖管理评价方法的步骤。

第一节　河湖管理保护评价必要性

河湖作为生态系统的要素，经济发展的基础和文明的发源地，在人类的生存和发展中占据举足轻重的地位。河湖的重要作用“上”可关系到我国的整体发展，“下”与人民福祉息息相关，具体表现在以下方面：

1. *河湖是社会经济发展的重要支撑*

我国境内河湖众多，河湖间相互交织，纵横成网，得天独厚的河湖资源对地形地质构造和生态环境具有重要作用，对经济社会的可持续发展具有重要的支撑作用，对文化文明的形成和发展也有至关重要的作用。

全面加强河湖管理是确保“两个率先”光荣使命顺利完成的需要。通过河湖管理达到河湖的永久续用，更好地支撑经济社会的可持续发展，实现人与自然的和谐共处，有利于全面提高水利现代化水平，进而推动我国现代化建设进程和全面实现小康社会。

良好的河湖管理能改善水环境和河湖生态，构建怡人的河湖景观，从根本上改善河湖环境，实现“水清、流畅、岸绿、景美”，有利于推动水生态文明建设和“水美乡村”建设，为不断提高人民群众生活水平和质量奠定良好的基础。

2. *河湖在水利体系中举足轻重*

水利的根本目的在于“除水害、兴水利”，河湖作为水利体系中洪水的重要通道和水资源的载体之一，是保障防洪安全、供水安全的重中之重。

河道（湖泊）的行（蓄）洪作用对防洪安全至关重要，在确保人民生命财产安全方面发挥重要的作用。

河湖的供水功能对保证人们生产生活具有重要作用。河湖是工业用水、生活用水的重要来源，在保障我国的饮水安全方面关系甚大。

河湖的蓄水灌溉作用对农产品的稳产增产必不可少。河湖是天然水流的载体，具有蓄水治水功能。在不降水时，河湖汇集源头和两岸的地下水，使河道中保持一定的径流量，是农业灌溉的重要水源。

此外，我国的水利正处在行业转型发展的重要历史阶段，从工程水利到资源水利、从传统水利到现代水利，水利行业转型发展的最显著的特征就是水利工作的主要任务已经从大规模的工程建设转变到河湖水系科学管理与严格保护的新阶段。管好河湖，是确保水利转型成功的关键。

3. 河湖在其他行业中的重要作用

河道运输已经成为综合运输体系中不可或缺的组成成分。水运具有运量大、能耗小、占地少、投资省、成本低等突出优点，河道通航具有其他运输方式不可比拟的竞争优势。四通八达的航道不仅能在一定程度上缓解用地矛盾，而且对我国经济的快速、健康发展起到了积极的推动作用。

除此之外，河湖的景观和休闲娱乐功能，尤其对于城市河湖更是必不可少。

由此可以看出，河湖是集水利、农业、航运及环保等功能为一体的综合性社会公益工程，河湖管理是一项事关民生的重大工作。河湖管理的总体目标是：以“生态健康，人水和谐”为河湖管理理念，建立与经济社会发展相适应的规范、科学、高效的河湖管理主体，健全法规制度和规划体系，全面规范和提升河湖空间管理、工程管理和社会管理水平，运用信息化技术，合理利用和保护河湖资源与空间，实现河湖管理的精准化、规范化，维护和恢复河湖健康，创造安全、健康、人水和谐的河湖生态环境，保障河湖功能的正常发挥。

加强河湖管理与保护，将有助于促进我国发展战略的顺利开展和实施，确保经济社会可持续发展，是全面提升水利现代化水平的必要手段。河湖管理与保护工作需要通过持续的研究与评价工作予以改进。建立河湖管理与保护评价体系，定期总结与评价，检验河湖管理与保护实际成效，将评价结果与政府年度目标考核挂钩。并结合河（湖）长制开展河湖管理与保护工作，不断修订和完善河湖管理与保护评价体系。将水功能区纳污情况、水资源承载情况、水域动态变化情况、水域岸线利用情况、河湖管理与保护评价结果等内容定期统计并公开，拓宽举报监督通道，引导规范社会行为的同时接受社会监督。

第二节　河湖管理评价指标体系

一、指标选取原则

河湖管理不仅涉及多学科、多领域，面广量大，而且是根据地域自然、地区经济社会发展特性不断调整的动态过程。建立河湖管理评价指标体系，需要从众多因素中筛选出涵盖全面、表征明显、易于度量、便于考核、适用性强的指标，力求客观、准确地反映河道管理的实际情况。评价指标的选取应遵循以下原则：

1. 目标导向原则

指标体系应以河湖管理总体目标为导向，结合各河湖管理具体目标，力求使指标反应现有管理实际水平并适度超前，以引导河湖管理工作。

2. 代表性原则

指标体系应紧扣河湖管理的关键环节，既能表征河湖管理工作常态，又能抓住管理工作的重点与难点，以客观表述河湖管理的实际水平。

3. 可操作性原则

指标既要易于获取和测定，也要便于考核和对比，指标间尽量相对独立，与现有的河湖管理考核办法具有一致性。

4. 适用性原则

评价指标既要立足于河湖管理条件和状况，也要兼顾河湖功能、规模的差异，充分考虑河湖管理的共性、差异，能够适用于河湖管理。

二、河道管理评价指标体系构建思路

为动态评估并科学引导河道管理，建立与经济社会发展以及水利现代化进程相适应的河道管理评价指标体系。基于河道管理的概念和内涵，以河道管理目标为导向，以“管理基础保障、管理能力与水平、管理成效”为思路，构建“管理主体、管理依据、工程管理、空间管理、社会管理、信息化管理、自然生态、服务功能”8个一级指标，然后根据管理实际及一级指标内涵相应拓展二级指标，最终构成了河道管理评价指标体系。

河道管理评价指标体系的评价对象为河道本身（包含河道及其堤防、涵闸等工程），评价结果表征河道是否得到有效的管理并产生良好的成效。本套指标体系构建主线为：管理基础保障—管理能力与水平—管理成效，包含8个一级指标和对应拓展的二级指标。指标体系框架见表10-1。

表10-1　　河道管理评价指标体系

层　次	序号	一级指标	二级指标
管理基础保障	1	管理主体	管理职责
			队伍建设
			管理机制
			管护经费
	2	管理依据	规章与制度
			规划管理
管理能力与水平	3	工程管理	工程标准
			工程完好
			安全运行
			安全度汛
	4	空间管理	划界确权
			河道监测
			河道管护

续表

层　次	序号	一级指标	二级指标
管理能力与水平	5	社会管理	涉河项目管理
			资源管理
			行政执法
			公众参与
	6	信息化管理	信息获取
			系统管理
管理成效	7	自然生态	水域面积
			河道连通
			河道水质
			河道保洁
			河道绿化
	8	服务功能	主要功能
			次要功能

8个一级指标中，“管理主体”从管理要素即“人、财、物”角度评价河道是否有单位管、有人管，机制是否健全、经费是否有保障，“管理依据”则表征河道管理是否有法可依、有规划可依，这两个一级指标构成河道管理的基础保障，是河道管理工作开展的先决条件；“工程管理”“空间管理”和“社会管理”是从河道管理对象来考核河道管理能力，“信息化管理”则贯穿了河道管理的全过程，从一定程度上反映河道管理现代化的水平，这四个一级指标组成河道管理能力与水平，是河道管理的重中之重；“自然生态”和“服务功能”则从河道健康和功能实现两方面考核河道管理的成效。

三、湖泊管理评价指标体系构建思路

湖泊管理评价指标体系的评价对象为湖泊水体、湖盆、湖洲、湖滩、湖心岛屿、湖水出入口、湖堤及其护堤地、湖水出入的涵闸泵站等工程设施，评价结果表征湖泊是否得到有效的管理并产生良好的成效。

湖泊管理评价指标体系的构建思路与河道管理评价指标体系的构建思路类似，同样以“管理基础保障、管理能力与水平、管理成效”为思路，构建“管理主体、管理依据、工程管理、空间管理、社会管理、信息化管理、自然生态、服务功能”8个一级指标，然后根据管理实际及一级指标内涵相应拓展二级指标，从而构成湖泊管理评价指标体系。

相对于河道，湖泊具有自身的特殊性，包括湖泊涉及多河湖汇入、边界监测断面不易确定、无序开发现象普遍、水体交换周期长、对生态环境影响较大等特点。考虑到湖泊发展的阶段特点及各湖泊的特色，需更注重湖泊管理能力的提升，加大管护资金投入，通过科学的手段，实现常态化巡查、监控和监测，做好湖泊“硬件”维护，管理好、发挥好湖泊的功能。因此在构建湖泊管理评价指标体系时，需更注重湖泊水质、湖泊的保洁工作、湖泊生态岸线建设等。

第三节 河湖管理评价标准

结合河湖管理评价指标体系，可将河湖管理评价标准划定为“优秀”“良好”“中等”“合格”和“不合格”五个档次，说明如下：

第一个档次为“优秀”，是少部分河湖达到的理想目标水平，达到该水平的河湖管理状态应表现为：有健全的管理主体，高效的管理手段和水平，管理成效显著，河湖自然环境健康，河湖的各项功能充分发挥，满足区域经济社会发展需求。

第二个档次为“良好”，是现阶段部分河湖能达到的较高水平，达到该水平的河湖管理状态应表现为：有明确的管理主体，较强的管理手段和水平，河湖自然环境良好，河湖的各项功能满足区域经济社会发展需求。

第三个档次为“中等”，是河湖管理的平均水平，对大部分河湖管理的评价应不低于该水平。达到该水平的河湖管理状态应表现为：有明确的管理主体，有一定的管理能力和基本管理手段，河湖自然环境及功能发挥尚可，基本上满足经济社会发展需求。

第四个档次为“合格”，这一档次是河湖达标管理的最低要求，处于该水平的河湖，有管理主体，某些一级指标分值较差，某些管理功能可能缺失，管理效率不高，但应仍然处于有序管理下，河湖自然环境和功能发挥满足社会发展一般要求。

第五个档次为“不合格”，“不合格”等级的河湖管理混乱，河湖功能发挥受限，阻碍了经济社会发展，管理问题突出。

河湖管理评价综合得分满分为100分，评价标准划分为5个档次，各档次得分范围详见表10－2。

表10－2 河湖管理评价标准

档　次	评价标准/分	档　次	评价标准（分）
优秀	总得分≥90	合格	60≤总得分<70
良好	80≤总得分<90	不合格	总得分<60
中等	70≤总得分<80		

针对不同的河道（湖泊），明确二级指标的考核方法，细化二级指标的评分办法，得到各项二级指标的最终得分，通过加权平均法得到河道（湖泊）管理评价的综合结果。

第四节 河湖管理评价方法

一、指标体系权重的确定方法

德尔菲方法（Delphi）和层次分析法（AHP）是两种常用的权重确定方法。本套评价指标体系中，一级指标权重起决定性作用，故采用Delphi、AHP相结合的方法确定权重；二级指标数量较多，直接采用Delphi方法确定权重。Delphi方法中，所咨询的专家一般具有副高及以上职称，从事河湖管理研究并具有较为丰富的河湖管理实践经验。经过多轮咨询，综合所有专家意见确定评价指标权重。

确定一级指标权重时，采用 Saaty 建议的 9 位标度法确定各指标相互间重要性程度，构造判断矩阵，通过求解判断矩阵最大特征值对应的特征向量得出各指标权重。通过专家函多轮咨询，计算协调系数并进行显著性检验，筛选出专家评估协调较好的咨询结果作为最终一级指标权重值。9 位标度法判断矩阵填写规则见表 10－3，矩阵中的元素表示竖列指标相对于横列指标的重要性，用 1～9 代表相对重要性程度。根据该矩阵的含义，矩阵中关于主对角线对称的元素互为倒数。

表 10－3　　9 位标度法判断矩阵填写规则

标　记	含　义
1	竖列指标与横列指标相比，重要性相同
3	竖列指标比横列指标稍重要
5	竖列指标比横列指标明显重要
7	竖列指标比横列指标极其重要
9	竖列指标比横列指标强烈重要
2，4，6，8	上述相邻判断的中间情况

各一级指标下属的二级指标通过 Delphi 方法确定权重。先给出初步权重，致函咨询各专家意见，综合专家意见对初步权重进行修改后再次咨询各专家意见，如此反复，直至各专家给出的意见趋于一致。

考虑到河道（湖泊）等级不同，评价侧重点将有所区别，根据不同河道（湖泊）的管理目标及要求，各项一级、二级指标权重确定方法的选择有所区别，最终各项指标的权重也不尽相同。

二、评价方法和步骤

1. 评价方法

采用加权平均模型对河湖管理进行评价，各指标满分均为 100 分，高一级指标得分由该指标下所有指标得分加权平均得到，基本评价模型为

$$e = \sum_{i}^{n} \omega_i a_i \tag{10-1}$$

式中：e 为高一级指标得分；ω_i 为权重；a_i 为低一级指标得分。

该方法中，二级指标的具体评分根据不同河湖要求确定，一级指标得分由对应二级指标得分乘以相应权重后再求和得到，河湖管理评价综合得分由一级指标得分乘以权重后求和得到：

$$E = \sum_{j=1}^{8} \omega_j \left(\sum_{i} \omega_i a_i \right) \tag{10-2}$$

式中：E 为河湖管理评价综合得分；ω_j 为一级指标权重；ω_i 为二级指标权重；a_i 为二级指标得分。

2. 评价步骤

(1) 确定评价河湖的等级，范围，适用的权重，指标合理缺项情况。

(2) 根据评分细则计算二级指标得分。

此外评价中出现对象无某项二级指标，该指标可作为缺项，并将该指标权重按比例分摊至相应一级指标下其他二级指标中。

(3) 根据河湖管理评价模型计算河道管理评价综合得分。

第十一章

河湖水域岸线管护保障措施

河湖水域岸线管理与保护，以维护河湖健康、实现河湖功能永续利用为总目标；以严格水域、岸线等水生态空间管控，强化岸线保护和节约集约利用，严禁侵占河道、围垦湖泊，恢复河湖水域岸线生态功能为主要任务；以治理和管控为主要手段。为推进河湖水域岸线管护能力建设，强化规范管理，要全面落实河湖水域岸线管护体系保障措施，各主要水行政主管单位、相关部门必须加强组织领导、密切相关合作，坚持政府主导、市场运作、社会参与相结合，鼓励全社会共同努力、积极配合，确保工作落到实处，实现河湖水域岸线智能化、信息化的管护。

本章为建立河湖水域岸线管护工作的长效机制，探讨提出相应的保障措施，包括组织保障、资金保障、技术保障、人才培养和社会参与等5个方面。

第一节 组 织 保 障

组织保障，即河湖水域岸线管护工作由县级以上人民政府水行政主管部门牵头，河道、湖泊涉及乡镇协助管理，各相关部门（国土、规划、交通、公安、安监、环保、园林、农林、城管、广电、公用事业等部门）参与所构成的组织保障体系。加强组织保障的具体措施如下：

（1）各级政府要高度重视水利工作，将水利事业发展的主要目标与任务纳入当地经济与社会发展规划、目标管理，切实加强领导，采取有效措施积极推进水利工作。进一步提高思想认识，真正把河湖水域岸线管护工作纳入各级政府的重要议事日程，把提升管护水平作为维护河湖健康生命、促进生态文明建设的重要内容，分解规划目标，严格目标考核。以全面落实河湖水域岸线管护责任制为核心，逐级落实责任，明确部门分工。充分发挥政府在规划编制、资金筹集、体制机制创新等方面的主导作用，及时协调解决河湖水域岸线管护中的矛盾和问题，加强组织协调和监督检查，建立绩效考核和激励奖惩机制。切实履行政府职能，规范涉水事务的社会管理，强化水利公共服务，持续提升河湖与水利工程可持续发展能力和公共服务能力。同时，加强部门协调，进一步落实河湖长效管护各项投入政策，确保政府河湖长效管护投入增长速度不低于财政支出的增长幅度。

（2）明确水利事业的公益性，坚持以政府为主导，同时发挥市场机制的补充作用，充分吸引社会资金发展河湖长效管护工作。继续加快推进基本河湖管护保障制度建设、推进水资源管理体制改革、推进城乡水务一体化管理、健全流域综合管理体制机制、加强水生态文明制度建设、健全水资源有偿使用制度和水生态补偿机制等六项重点改革。建立统一协调的河湖管护管理体制、高效规范的水利建设机构运行机制、政府主导的多元化投入机制、可持续发展的河湖管护科技创新机制和人才保障机制、实用共享的水利信息系统、健全的水利工程建设与维护法律法规制度。

（3）吸纳和鼓励专家、民众等非政府人士，动员全社会支持和参与到河湖水域岸线管护工作当中，为水利事业的发展创造宽松的环境。建立河湖水域岸线保护与利用管理联席会议制度，加强领导组织，明确责任分工，落实有关职责，对重大涉及水域岸线的项目开发亦可通过论证会、听证会等方式广泛吸取多方意见。同时，按照“守土有责”的原则，强化与乡镇的联动，积极履行宣传和引导责任，做好河道、圩堤等长效管护。

第二节 资 金 保 障

资金保障，即政府财政不断加大对各级河湖水域岸线管护的投入，落实对河湖水域岸线的管护投入的保障措施，为推动河湖水域岸线长效管护奠定坚实的基础。落实资金投入必须要坚持政府主导、市场运作、社会参与的原则，建立多元化、多渠道、多层次的投融资体系。加强资金保障的具体措施如下：

（1）完善现有的河道岸线保护工程项目的资金投入机制，在当地财政中专项安排河道岸线的整治和管理经费，切实加强资金投入，建立稳定的投入机制，奠定资金保障的良好基础。根据实际情况，核算各个项目经费，遵循国家相关定额标准，分批次、分缓急地申报经费，在申报过程中要充分考虑时间因素，确保项目经费及时到位，经费的使用严格实行专款专用。同时，政府应按照统一管理与分级管理相结合的原则，科学划分单位类别和性质，合理定编定岗，足额落实河道管理机构人员经费。

（2）政府分管领导要牵头，会同财政、水务、国土、规划等相关部门，制订实施方案资金落实计划。各级政府要积极争取中央及省级对河湖水域岸线管护工作的资金支持，加大财政政策支持力度，切实落实地方公共财政投入，将河湖水域岸线管护资金纳入各级政府的财政预算，强化资金保障，将每年的河湖水域岸线管护资金纳入政府财务计划安排，确保管护工作经费的保障。

（3）充分调动全社会特别是企业对河道保护的积极性，拓宽投融资渠道，制定相关政策，利用市场机制和手段，引导金融机构和社会资金投入。进一步解放思想，拓宽思路，加大城市经营力度，整合河湖资源，盘活资产，用好政策，更好地运用PPP等融资模式，完善水利融资平台建设，提高融资能力，建立政府引导、市场推动、社会参与的多元化投融资机制。各级政府要切实保障河湖水域岸线管护工作所需经费的落实，加大资金投入力度，确保方案的顺利实施。各级政府要进一步加大河道管理与保护资金投入，争取全幅提高河湖水域岸线管护资金标准，同时，积极探索建立多元化、多渠道、多层次的投资体系，引导金融机构和社会投资河湖水域岸线管理与保护。

第三节 技 术 保 障

技术保障，即运用科技手段，为河湖水域岸线管护和行政执法提供技术支撑，提升河湖水域岸线管护现代化水平。大力发展河湖水域岸线管护信息化技术，通过开发水利信息化管理平台，构建水利数据信息库，实现河湖水域岸线信息化、数字化、智能化管护。加强技术保障的具体措施如下：

（1）在政府水利信息综合管理平台上建立针对河湖水域岸线综合管理的应用系统，将河道和湖泊管理信息、保洁船管理信息、水质监测信息、远程视频监控信息、水政执法信息等全部整合录入，完善河湖水域岸线管护信息库。

（2）引进和推广先进科学技术，积极运用遥感、空间定位、卫星航片、视频监控等科技手段，对河湖水域岸线进行动态监控，及时发现围垦河道、侵占岸线、非法设障、水域变化等情况，为河湖管理保护和行政执法提供技术支撑，提升河湖水域岸线管护现代化水平。

（3）在河道和湖泊适合的位置加设视频监控点，并将固定摄像监控体系逐步扩展至全河道和湖泊，实时监控主要漂浮物和水质，列表显示保洁船位置、河道水质参数，通过合理调度保洁船只和河道自净工程设备，进行河道及湖泊保洁和水环境治理，实现实时监测、实时预警、实时调度和应急处理。

（4）建立河道管理动态监控信息网上公开制度，对违法违规项目信息及整改情况依法予以公布。同时，建立河道管理信息网上报送制度，重大问题及时上报相关领导部门。

（5）更新及完善河湖水域岸线河（湖）长制管理信息图册，把河道（湖泊）基本情况、沿河企业占用情况、污水处理厂尾水排放口位置、所有排水、排污口以及断面水质监测点位置全部显示在地图上，为加强河长制管理工作及河湖水域岸线管护工作提供详细的基础信息数据。

第四节　人　才　培　养

人才培养，即通过专业培训、考核等，培养真正意义上的河湖水域岸线管护专职队伍，为河湖水域岸线长效管护提供强力保障。加强人才培养的具体措施如下：

（1）严格管护人员选聘。河湖管护职能部门及属地政府负责按需调整和优化河湖水域岸线管护人员结构，通过科学设置岗位，组织开展公开、公平、公正的聘任，使各类人员在各自岗位上充分发挥特长，同时建立科学的考核机制，充分运用考核结果，奖优罚劣，在此基础上，深化绩效改革，适当加大奖惩力度，完善河湖管理考核问责机制，落实按岗定酬、按考核得分定酬的原则，建立奖励激励机制，提高工作积极性。

（2）加大教育培训力度。建立健全河湖水域岸线管护队伍岗前培训及定期培训制度，相关管护职能部门要扎实做好管护队伍的岗前培训，将水法规和相关政策、河湖水域岸线管护技能和知识等作为主要培训内容，使管护队伍掌握履行职责所必需的基本技能。定期组织交流培训，总结管护工作中取得的经验，学习更新相关知识，不断提升河湖水域岸线管护人员的履职能力，提高河湖水域岸线管护的综合水平。要确保所有河湖水域岸线管护人员均参加过专题培训，同时，鼓励在岗人员接受继续教育。

（3）加强长效管护队伍建设。要将河湖水域岸线长效管护队伍建设纳入重要议事日程中，加强沟通协调，积极争取当地政府和相关部门的支持，力争将管护队伍的补助经费纳入地方各级政府财政预算，建立管护队伍补助经费的长效保障机制，逐步提高管护人员的待遇。同时，优化管护队伍年龄结构，推行“减员增效”，为管护人员办理养老保险，使“河湖水域岸线管护岗位”具有较强的社会竞争力，建立真正意义上的专职队伍。

第五节 社 会 参 与

社会参与，即通过宣传，不断增强全民法律意识和水法制观念，营造全民共同管护河湖水域岸线的良好氛围，为河湖水域岸线管护工作的推进奠定了坚实的基础。加强对河道岸线资源保护工作的宣传力度，采取分层次、抓重点的方式，把水法规进村入户作为宣传工作目标，增进社会参与，不断提高公众保护河湖、保护水资源的意识，努力营造浓厚的河湖水域岸线保护的舆论氛围。加强社会参与的具体措施如下：

（1）加大河湖水域岸线管护的社会宣传，提高社会公众遵守水法规、自觉保护河湖的意识，动员全社会力量关注河湖健康，营造社会公众积极参与的良好氛围。鼓励公众参与河湖水域岸线管护工作，构建公众参与的管理平台，形成“社会管护队伍”，壮大管理力量，提高管理效率，建立群众监督机制，使河湖管理真正做到服务公众、公众参与、公众受益，形成政府和公众共同参与河湖水域岸线管护、共建美好家园的和谐氛围。

（2）在电视、广播、报纸、网络、移动终端等媒体开设专栏、专题、专版，同时在每年的“世界水日”“中国水周”集中宣传活动期间，通过悬挂横幅、标语、印发宣传手册等形式广泛开展水法制宣传活动。政府可以组建河道、湖泊保护志愿服务组织，专门制作队伍的形象标识、宣传册、胸牌等，并且定期开展保护河湖活动。

（3）通过政府门户网站等各种媒介宣传河湖管护，提升公众爱河意识。借助水行政主管部门网络平台，让各乡镇（街道）交流管理经验、了解河道及湖泊管理动态、学习相关法律法规；印发河湖水域岸线管护文件，免费送达各社区，并开展结对活动；在“水法宣传周”期间组织开展水利知识竞赛；坚持开辟空中热线，解答市民提出的各类涉水问题。

（4）利用新媒体，多层次进行宣传。通过在交通要道设置河湖水域岸线管护平面广告、拍摄关于河湖水域岸线管护的宣传微电影、建立微信平台等方式，进一步扩大水法规影响，增强社会各界爱护河湖的意识。

参考文献

[1] 中共中央办公厅，国务院办公厅．印发《关于全面推行河长制的意见》[J]. 中国环境监察，2016 (12)：6-8.

[2] 水利部，环境保护部. 贯彻落实《关于全面推行河长制的意见》实施方案 [J]. 中国水利，2016 (23)：6-7.

[3] 刘劲松，万俊. 如何推进江苏省河道管理河长制机制升级 [J]. 水利发展研究，2017，17 (6)：28-30.

[4] 水利部水利水电规划设计总院. 全国河道（湖泊）岸线利用管理规划技术细则 [Z]. 2008.

[5] 李娟. 河道管理和保护范围标准化划界工程的几点思考 [J]. 中华建设，2014 (11)：66-67.

[6] 江苏省水利厅. 江苏省河道堤防工程占用补偿费征收使用管理办法 [J]. 江苏水利，1998 (3)：10.

[7] 《江苏河长制工作手册》编写组. 江苏河长制工作手册 [M]. 南京：河海大学出版社，2017.

[8] 江苏省水利厅工程管理处，河海大学. 江苏省水利发展“十三五”河湖与水利工程管理专题规划 [Z]. 2015.

[9] 江苏省水利厅，河海大学. 水利工程管理现代化评价指标体系研究 [Z]. 2009.

[10] 方国华，高玉琴，谈为雄，等. 水利工程管理现代化评价指标体系的构建 [J]. 水利水电科技进展，2013，33 (3)：39-44.

[11] 刘劲松，戴小琳，吴苏舒. 基于河长制网格化管理的湖泊管护模式研究 [J]. 水利发展研究，2017，17 (5)：9-11.

[12] 浙江省水利厅. 河道建设规范：DB33/T 614—2016 [S]. 2006.

[13] 水利部. 水利工程管理考核办法及其考核标准 [Z]. 2016.

[14] 江苏省水利厅. 关于进一步加强湖泊管理与保护工作的意见 [Z]. 2011.

[15] 江苏省水利厅. 江苏省省管湖泊管理与保护工作考核办法（试行）[Z]. 2009.

[16] 中华人民共和国水利部. 堤防工程养护修理规程：SL 595—2013 [S]. 北京：中国水利水电出版社，2013.

[17] 方国华，闻昕. 河湖及中小型水库管理 [M]. 南京：河海大学出版社，2012.

[18] 江苏省水利厅. 江苏省水利工程管理考核工作手册 [Z]. 2011.

[19] 浙江省建设厅，浙江省水利厅. 河道生态建设技术规范：DB33/1038—2007 [S]. 2007.

[20] 重庆市水利局. 河道管理范围划界技术标准（试行）：DBSL1—2012 [S]. 2012.

[21] 中华人民共和国水利部. 关于加强河湖管理工作的指导意见 [J]. 中国水利，2014 (6)：5-6，13.

[22] 匡少涛，马建新，雷俊荣. 河道管理 [M]. 北京：中国水利水电出版社，2011.

[23] 郑月芳. 河道管理 [M]. 北京：中国水利水电出版社，2007.

[24] 高玉琴，方国华，金鹏飞. 上海市河道管理存在的问题及对策建议 [J]. 水利经济，2008 (2)：57-59.

[25] Smits A J M 等. 河流管理新方法 [M]. 北京：科学出版社，2006.

[26] FOX H R，WILBY R L，MOORE H M. The impact of river regulation and climate change on the barred estuary of the Oued Massa，southern Morocco [J]. River Research & Applications，2001，17 (3)：235-250.

[27] Wang Zhaoyin，Tian Shimin，Yi Yujun. Principles of river training and management [J]. Interna-

tional Journal of Sediment Research，2007，22（4）：247-262.
[28] 张肖. 河道堤防管理与维护［M］. 南京：河海大学出版社，2006.
[29] 郭宁，林泽昕，方国华，等. 基于灰色多层次模型的河流综合功能评价［J］. 水利经济，2016，34（6）：38-42，80-81.
[30] 林泽昕. 河道管理综合评价研究［D］. 南京：河海大学，2017.
[31] 王传胜. 长江中下游岸线资源的保护与利用［J］. 资源科学，1999（6）：66-69.
[32] 方子云，汪达. 水环境与水资源保护流域化管理的探讨［J］. 水资源保护，2001（4）：4-7，71.
[33] 施少华，杨桂山，林承坤. 长江中下游河道岸线的整治与开发利用［J］. 地理科学，2002（6）：700-704.
[34] 段新虹，樊静. 对河道岸线利用管理规划实施的几点看法［J］. 水利建设与管理，2009，29（7）：85-86.
[35] 黄剑威. 河流岸线资源管理及其对流域综合管理（IRBM）的作用［D］. 广州：华南理工大学，2010.
[36] 张碧钦. 城市蓝线规划与河道岸线管理保护的若干思考［J］. 水利科技，2012（1）：65-68.
[37] 张瑞美，陈献，张献锋，等. 我国河湖水域岸线管理现状及现行法规分析——河湖水域岸线管理的法律制度建设研究之一［J］. 水利发展研究，2013，13（2）：28-31.
[38] 张瑞美，陈献，张献锋. 河湖水域岸线管理的法规制度需求与主要实现途径分析——河湖水域岸线管理的法律制度建设研究之二［J］. 水利发展研究，2013，13（4）：26-29.
[39] 孙维云，穆来旺. 对黑河下游河湖水域岸线管理的认识和思考［J］. 内蒙古水利，2014（3）：129-130.
[40] 王德维，周云，冉四清，等. 城区河道岸线利用存在的问题及保护对策［J］. 江苏水利，2016（9）：50-52.
[41] 毕春伟. 水域保护规划方法研究［D］. 重庆：西南大学，2011.
[42] 王瑞庭. 南通市沿江岸线水域利用的思考与建议［J］. 江苏水利科技，1997（1）：46-49.
[43] 程晓冰. 水资源保护概况［J］. 水资源保护，2001（4）：8-12，71.
[44] 傅春，冯尚友. 水资源持续利用（生态水利）原理的探讨［J］. 水科学进展，2000（4）：436-440.
[45] 王传胜. 长江中下游干流岸线资源评价［D］. 南京：中国科学院研究生院（南京地理与湖泊研究所），2000.
[46] 郎燕. 城镇水资源保护规划优化模型研究［D］. 南京：河海大学，2006.
[47] 钱家忠，赵卫东，李开红，等. 基于"3S"技术的水环境管理信息系统模式［J］. 合肥工业大学学报（自然科学版），2002（4）：510-513.
[48] 吴晓青，王国钢，都晓岩，等. 大陆海岸自然岸线保护与管理对策探析——以山东省为例［J］. 海洋开发与管理，2017（3）：29-32.
[49] 武海磊，刘发明. 肥城市大汶河水域岸线管理保护和水生态修复探究［J］. 现代农村科技，2017（9）：55.
[50] 鲁校华，王春华. 对头屯河河道岸线利用管理规划实施的几点看法［J］. 新疆水利，2010（4）：52-54.
[51] 王珺莉. 甘肃水域岸线管理保护现状及对策浅析［J］. 甘肃科技，2018，34（3）：5-6.
[52] 夏继红，周子晔，汪颖俊，等. 河长制中的河流岸线规划与管理［J］. 水资源保护，2017，33（5）：38-41，85.
[53] 郭恒茂，刘璐. 河长制下跨省区河湖水域岸线管理与保护探讨——以海河流域岳城水库为例［J］. 中国水利，2017（16）：25-27，31.
[54] 王维虎. 基于物联网的湖泊水域岸线及水质监控技术的研究［D］. 武汉：华中师范大学，2015.
[55] 陈伟. 松辽流域河道岸线开发现状与保护对策［J］. 水利发展研究，2015，15（2）：50-52，93.

[56] 赵宏龙. 浅谈怀洪新河水域岸线的利用管理 [J]. 治淮，2013 (10)：26-27.
[57] 尹文涛. 基于水生态安全影响的沿海低地城市岸线利用规划研究 [D]. 天津：天津大学，2016.
[58] 汪贻飞，王晓娟，王建平. 规制河湖水域占用的政策法规现状、问题及对策 [J]. 水利发展研究，2013，13 (4)：15-18，38.
[59] 王春霞. 珠江三角洲内河岸线控制利用方法初探 [J]. 水利水电，2005 (2)：55-60.
[60] 潘云章，钱汉书. 海港城市规划浅议 [J]. 城市规划，1982 (6)：26-28.
[61] 李钊. 滨海城市岸线利用规划方法初探 [J]. 安徽建筑，2001 (2)：41-42.
[62] 焦锋，秦伯强，黄文钰. 小流域水环境管理——以宜兴湖滏镇为例 [J]. 中国环境科学，2003 (2)：109-113.
[63] 詹红丽，张展羽，刘建成，等. 封闭圩区水环境治理规划 [J]. 中国农村水利水电，2003 (11)：37-39.
[64] 侯国祥，黄凯辉，李洪斌，等. 基于 WebGIS 的汉江水环境管理信息系统 [J]. 华中科技大学学报(自然科学版)，2006 (10)：67-69.
[65] 黄恕金. 浅谈城市滨水地区规划的构思 [J]. 福建建筑，2007 (10)：26-27.
[66] 王金南，吴悦颖，李云生. 中国重点湖泊水污染防治基本思路 [J]. 环境保护，2009 (21)：16-19.
[67] 王浩，徐新华，付仰木，等. 淮河流域河道（湖泊）岸线利用现状及管理对策 [J]. 中国水利，2010 (2)：32-34.
[68] 尚杰. 青岛拥湾发展中岸线利用和保护规划研究 [D]. 西安：西安建筑科技大学，2010.
[69] 王资峰. 中国流域水环境管理体制研究 [D]. 北京：中国人民大学，2010.
[70] 陈海峰，王晓婕. 长江南通段岸线开发与利用现状 [J]. 中国水运（下半月），2011，11 (5)：53-54.
[71] 王超，王沛芳. 城市水生态系统建设与管理 [M]. 北京：科学出版社，2004.